2014年度北京语言大学青年学者文库出版基金资助

# 构想效度研究

赵琪凤／著



北京语言大学出版社
BEIJING LANGUAGE AND CULTURE UNIVERSITY PRESS

图书在版编目（CIP）数据

构想效度研究 / 赵琪凤著．-- 北京 ：北京语言大学出版社，2016.12
ISBN 978-7-5619-4789-0

Ⅰ．①构… Ⅱ．①赵… Ⅲ．①心理测验－研究 Ⅳ．① B841.7

中国版本图书馆 CIP 数据核字 (2016) 第 307747 号

构想效度研究
GOUXIANG XIAODU YANJIU

排版制作：北京创艺涵文化发展有限公司
责任印制：姜正周

出版发行：北京语言大学出版社
社　　址：北京市海淀区学院路 15 号，100083
网　　址：www.blcup.com
电子信箱：service@blcup.com
电　　话：编辑部　8610-82303647/3592/3395
国内发行　8610-82303650/3591/3648
海外发行　8610-82303365/3080/3668
北语书店　8610-82303653
网购咨询　8610-82303908
印　　刷：北京九州迅驰传媒文化有限公司

版　　次：2016 年 12 月第 1 版
印　　次：2016 年 12 月第 1 次印刷
开　　本：710 毫米 ×1000 毫米　1/16　　印　　张：16.75
字　　数：341 千字
定　　价：49.80 元

PRINTED IN CHINA

# 序（一）

2009年秋季开学，琪凤以优异的成绩考入北京语言大学语言学及应用语言学专业，跟我攻读博士学位。按理说，让她跟我做汉语语法研究，于她于我都是最自然也是最省心、省力的事情。而我，当时正在北京语言大学汉语水平考试中心主任的岗位上，对语言测验学科多少有了一些了解和认识。就当时汉语水平考试中心学科建设和人才培养状况而言，我深深地感到，培养一名语言测验方向的博士，要远比培养一名语法学方向的博士紧要得多。考虑到琪凤硕士阶段的专业背景以及她在汉考中心多年的工作经历，经与她商量，我决定把她往语言学及应用语言学专业语言测验方向去培养。

依据当时学校博士生导师梯队建设的有关政策，我郑重邀请我校语言测验方向的专家张凯教授与我合作，来共同指导琪凤在博士阶段的学习及博士论文的写作。这种由同一学科专业内跨度较大的不同方向的两名导师合作，共同指导一名博士生的做法，在当时可以说是人才培养的一种创新模式。而这，在今天看来，也是符合人才培养模式改革大趋势的。

我当时之所以敢于做出这样的一种选择，除了有张凯教授加盟这一重要因素外，也是出于对当时汉语水平考试中心所具有的语言测验的良好学科基础的信心。这一良好的基础，在我看来，主要体现在三个方面：第一，20多年从事汉语水平考试（HSK）的理论与实践的探索已相当丰富；第二，对国内外语言测验专业文献资料的收集整理已成规模；第三,一支以中青年学者为主体的语言测验学科的优秀团队业已形成。可以说，这一良好的学科基础，在全国也是独一无二的。我相信，这种依托学科整体实力的人才培养方式，要远胜于一两个专家学者的个别指导。

就这样，琪凤在入学后，一方面，跟我学习汉语语法方面的课程；另一方面，在张凯教授指导下，系统研修语言测验方面的课程，大量阅读语言测验的理论著作。最终，她的博士论文选题确定为《构想效度研究》。

这里，我对琪凤博士论文本身的内容不做过多的评述（这一点张凯教授会有更为精到的论述），但作为琪凤的导师之一，我看到了琪凤在钻研构想效度这一极具难度的理论问题的过程中所表现出来的巨大勇气和刻苦精神。作为导师，我是感佩至深的。

琪凤的博士论文《构想效度研究》，是一篇以文献综述为基础，以理论探索为主旨的博士论文。这一选题，表面看来难度不大，实则不然。其难度主要体现在以下三个方面：

第一，要阅读大量的相关专业方向的英文文献，而这些文献都以探索心理测量这一高度抽象和复杂的理论问题为主旨。我们不难想见，这一工作对于一个普通中文系的毕业生来说，其难度有多大。琪凤在张凯教授的悉心指导下，发扬“蚂蚁啃骨头”的精神，利用三年多的时间，硬是把一本本、一篇篇语言测验的英文文献啃了下来。其中的甘苦，唯有琪凤自己才能完全体味。

第二，要在大量阅读文献的基础上，对构想效度理论近百年来产生、发展、变化的基本脉络进行清晰的梳理，才能使构想效度理论研究的基本成果系统化、体系化。从这篇博士论文所展现出来的基本内容来看，琪凤是出色地完成了这一任务的。她在论文的五个主体章节中，对构想效度理论的几个重点问题分别进行了全面的归纳、深入的讨论和公允的评述。这为学界，特别是中国语言测验学界认识、了解、反思这一领域的研究，做出了自己独特的贡献。

第三，这篇博士论文，是要在展示前人研究成果的基础上，提出作者自己对构想效度研究的理论主张，从而为今后构想效度进一步的理论探索指出发展趋势，指明发展方向。显然，这一目标，对于一名年轻的博士生来说，不可谓不宏大，但是这篇博士论文也初步做到了。我认为，琪凤的博士论文所梳理的构想效度研究框架，对于重构构想效度研究的理论范式，是很有借鉴价值的。

由以上三个方面，我们不难看到琪凤在完成这篇博士论文的过程中所付出的巨大努力。当然，这份努力也得到了学界的认可：琪凤的博士论文得到了答辩委员会的充分肯定，也很快得到了北京语言大学青年学者文库出版基金的资助。

在北京语言大学，语言测验学科曾依托汉语水平考试（HSK）而成为一门极富特色和优势的学科专业方向，也曾经涌现出一批优秀的语言测验专家。斗转星移，沧海桑田，如今，北京语言大学虽已不再从事汉语水平考试（HSK）的研发和考务工作，但是作为富有特色和发展潜力的语言测验学科还在，新一代的中青年优秀语言测验专家也在迅速、健康地成长。这是令人深感欣慰的。

琪凤的博士论文即将正式出版发行。我写上这些话，既是对琪凤的衷心祝贺，也是对北语、对中国语言测验学科未来发展的美好祝愿。

是为序。

张旺熹

二〇一六年十月

# 序（二）

1950年代早期，美国心理学会（APA）下属的心理测试委员会认为有必要拓宽效度的定义，于是该委员会的两个成员 Paul Meehl 和 Robert Challman 就提出了“构想效度”这个概念。而后，这个委员会的成员经过讨论对这个概念做了修改。经大家同意后，这个概念就被写进了 APA 在1954年推出的技术推荐标准。第二年（1955年），Cronbach 和 Meehl 合写了一篇文章，第一次对构想效度做了专门的论述。

构想效度是心理测量和语言测试中最重要的概念，对于构想效度概念的出现，Rogers 曾给予很高的评价。他说，“构想效度的引进，可以看成是自比奈发明智力测验以来，测验领域中最为显著的变化”，它标志着测验“和历史传统与实用传统彻底决裂”，而且“至今仍以显著的方式改变着测试事业”。然而，并非所有人都像 Rogers 那样正面评价这个新出现的概念，在这个概念引进之初，Anastasi 对此是持怀疑态度的；及至上世纪80年代，Davies 还把构想效度叫作“安乐椅上的玄想”。

构想效度概念提出已有60多年了，在这60多年的时间里，对构想效度问题的研究、诠释虽说已是汗牛充栋，但其中也有很多误解和混乱。对于构想效度这个问题，测量界至今也没有形成一致的意见。

赵琪凤女士的《构想效度研究》一书首先对构想效度研究的历史和现状做了详尽的梳理，对其中的错误、争论及混乱做出了客观、中肯的分析和评价。美国教育测量委员会和美国教育委员会从上世纪中叶开始推出一本书，书名是《教育测量》，这是教育测量领域的一本工具书。到2006年，这本书已经出到了第四版。在这四个版本中，每一版的第一章都是关于效度问题的，其中1989年第三版中的“效度”一章是由Messick写的，其篇幅近100页（16开本），这简直就是一本书的篇幅了。尽管四个版本的《教育测量》都把效度问题放在最重要的位置，但是，它们均没有对构想效度问题中的错误和混乱做出评论。从这个角度看，琪凤女士所做的全面的梳理工作是开创性的。

在全面梳理和分析的基础上，琪凤女士把几十年来的构想效度研究分为两种视角：测量学视角和社会学视角。她提出，当初Cronbach和Meehl是从测量学视角提出构想效度概念的。他们的本意是通过科学测量和相关的定律实现对假设的心理构想的证明，即把“对心理特质的证明纳入到理论证明的过程中”。这是自然科学的研究视角。然而，上世纪七八十年代以来，构想效度研究出现了一个转向，以Messick等人为代表的研究者把社会文化、道德、测验的有用性等外部因素统统和构想效度扯上了关系，这就形成了构想效度研究的社会学视角。而且，这个视角成了目前构想效度研究的主流。琪凤女士正确地指出，这样一个视角的转换，实际上是一种倒退。

在最后的结论部分，琪凤女士指出：“构想效度是从纯理论的角度提出的”，“构想效度的本质是证明理论有效”。这个结论也是正确的。

这本书是琪凤女士的博士论文。在心理测量、教育测量、语言测验领域里，也有很多人以效度为题做博士论文，但那些论文做的都是实证研究，即找一些实测数据，对某个测验做一个效度检验。当初琪凤女士也想做一个构想效度的实证性检验。她来跟我商量，我认为只做实证检验恐怕分量不够。我还是希望她就构想效度问题在理论上做一些深入的研究。做理论研究比做实证研究的难度要大多了。在琪凤女士论文答辩的时候，北京师范大学脑与认知科学研究院的边玉芳教授说：“看到这篇博士论文后，我眼前一亮，很久没有看到这样的文章了。”边教授的评价表明，琪凤女士已经基本上可以驾驭构想效度这样一个重大的理论问题了。这部书是琪凤女士一个良好的起点，我希望她将来能够拿出更有震撼力的成果。

是为序。

张凯

二〇一六年十月

# 提　　要

近一个世纪以来，围绕效度问题展开的研究占据着心理测量研究领域的重地。构想效度作为效度研究的重心，在理论上存在着各种分歧和论争，学界至今尚未达成一致。所谓效度（validity），就是测验在多大程度上测到了它想要测的东西。多年来，许多心理测量的研究者围绕着测验效度问题，从多个角度进行了理论层面的探讨。尤其针对构想效度这个核心问题，学界一直存在着两个截然不同的研究视角，即研究者分别从测量的角度和社会学的角度对心理构想的本质展开探索和研究，但研究现状总体看来还比较零散，普遍缺乏全面和系统的理论解析。我们认为这种格局不利于构想效度研究获得突破性进展，更无益于实现对心理构想的探究和证明。有鉴于此，本研究的研究目标为，通过评述构想效度的现有研究，为构想效度的系列研究正本清源，消除混乱，提出可行的解决方案。我们的基本研究思路是，依托大量的国内外相关研究文献，将文献评析与理论对比结合起来，力图公允地评价构想效度研究现状。我们相信，此项研究对构想效度研究的理论梳理具有重要作用，特别是可为实现心理构想的科学研究提供参考和改进意见。

本研究通过对构想效度的产生背景以及其本质的梳理和分析，明确提出，构想效度是在逻辑实证主义思想的影响下，由 Cronbach 和 Meehl 两位学者从纯理论的角度提出的，它的首要任务是界定测验测的是什么。在这个问题上，构想效度的倡导者从理论证明的角度入手，对所测心理特质提出“构想”，将对心理特质的证明纳入理论证明的过程中，试图通过科学测量、定律来实现对构想的证明。因此，构想效度的提出，是采纳了自然科学的研究视角和研究思路，来解决人类心理特质的测量问题。

基于上述对构想效度本意和本质的探究，我们集中探讨了构想效度研究的测量视角和社会学视角的研究现状。我们发现，Stevens 等心理测量学家忽略了探索与心理构想相对应的客观实体，证明心理构想的客观实在性，而是关注于统计赋值等细节操作。这一现状导致心理测量的相关研究并没有真正解答“测量了什么”这个问题，因此也没有实现对心理构想的探究和科学测量。相比之下，基于社会学研究视角的效度整体化理论则备受欢迎，且在效度研究领域长期占据主导地位。这些主流效度研究者从社会学方面入手，将社会文化、道德、测验的有用性等外界因素纳入效度框架内，形成了效度证据多样化的研究格局。值得注意的是，当前取得丰硕成果的主流研究仅限于实际应用层面，这些成果对于构想效度的科学研究层面并无贡献，可以说，构想效度科学理论层面的研究从二十世纪七八十年代以来是呈现倒退局面的。

在上述分析和评价的基础上，我们提出了本研究的理论主张，即构想效度研究要注重心理构想的实在性和效度检验的理论性方面的探究。我们从构想效度的核心定义出发，确认构想效度的本质是证明关于心理构想的理论有效。对于无法直接观测的心理构想来说，找到与之对应的可见实体是实现科学测量的唯一途径，于是对心理构想的实在性的要求也突显出来，我们只有通过可见实体的已知信息来确定心理构想的客观存在，当然这二者之间需要有定律来进行关联。同时，在构想效度实际分析方法和思路方面，我们也主张从实在论和实体性的角度出发，着力于探寻客观存在的物理或生理机制与抽象的心理构想之间的关联，从而摆脱以往构想效度研究的主观性和不确定性。

我们相信，本研究所梳理的构想效度研究框架，将有助于效度研究学者对构想效度的全面认识和深入探究。本研究提出的构想效度研究主张对相关理论探讨具有一定的借鉴意义。同时，我们对构想效度分析方法的建议，也将引发效度研究学界的思考。当然，本研究作为构想效度理论探讨的一个初步探索，研究的内容、广度和深度仍然有待进一步完善，这还需要我们做一步的思索和研究。

# 目　　录

# 第 1 章
# 绪 论

## 1.1 选题缘起

### 1.1.1 效度理论研究现状

自 1921 年效度概念正式提出以来，效度理论一直是教育和心理测量界（包括语言测验领域）长期关注的核心问题。近一个世纪以来，围绕效度问题展开的研究占据着心理测量研究领域的重地。构想效度作为效度研究的重心，在理论研究上存在着各种分歧和论争，学界至今尚未达成一致。可见“效度研究迫切需要理性的进步”（Lissitz，2009：3）。

所谓效度（validity），就是测验在多大程度上测到了它想要测的东西。多年来，许多心理测量的研究者围绕着测验效度问题，从多个角度进行了广泛的研究。其中，研究重点集中在效度理论研究和效度检验的实证研究两大方面。效度理论研究通过理论分析，建构理论框架，关注一般性的“测什么”以及“如何测”一类的核心问题；有关效度检验的实证研究，几乎都是针对具体的测验是否有效而做的检验。随着各种统计模型和数学运算的引入，相比之下，关于效度检验的实证性研究更是研究的热点。

与开发引进各种数学模型的热度以及进行实证性研究的规模相比，效度理论研究显得相对冷清和稀疏。然而，效度理论问题，即“测什么”的问题在心理测量研究中异常重要。我们知道，心理测量所测的心理特质是无法直接观察到的，要想使心理测验有效、准确地测量到心理特质，必须首先明确心理特质的属性和结构。在实现科学、准确地回答“测量了什么”这个难题之后，心理测验的效度问题也就迎刃而解了。因此，在效度实证研究大行其道的环境下，效度理论研究依然不容忽视，因为“测什么”的问题尚未真正解决。

半个多世纪以来，针对心理学中的构想效度问题，一直存在着两个截然不同的研究视角，即研究者分别从社会学[①]的角度和测量的角度对心理构想的本质展开探索和研究。虽然同以构想效度为研究对象，但两个研究视角分别以不同的命名加以探索，一方的研究者甚至对另一方的研究知之甚少。我们认为这种格局不利于构想效度研究获得突破性进展，更无益于构想效度研究实现对理论的证明。

针对这两种相互对立的观点，根据所提出观点的受关注度以及研究成果的规模，我们将其称为效度研究的主流观点和非主流观点[②]。主流观点所主张的效度理论以及效度验证方法被大多数心理学家所接受，是效度研究领域最为常见的观点和思路，并且该领域的相关概念明确以“效度”或“构想效度”命名；而非主流观点多从心理测量的视角展开研究，虽然尚未以“效度”为明确的命名和定义，但是实质上同样在进行对心理构想的探究，同样属于构想效度的研究范围。这一类的研究为极少数研究者所关注，且研究成果较少，但是这类研究同样得到了教育

① 社会学（sociology），一种人类行为科学，用以考察个人之间以及个人与群体之间各种社会关系的性质、原因及结果（《不列颠百科全书》(国际中文版)，1999，15: 457）。我们将构想效度的一类研究视角划归社会学研究视角，是因为此类效度研究关注于测验与外围的社会环境各因素之间的关联，着力于探讨效度与各种社会关系之间的联系。

② “效度研究的主流观点和非主流观点”这一说法，我们借鉴自 Robert W. Lissitz（2009）主编的论文集 *The Concept of Validity: Revisions, New Directions, and Applications* 中的提法。主流研究即以“效度”为名义展开的系列研究。非主流研究是指本质上是对心理构想的探索，但表面上并没有以效度研究为明确的研究核心，甚至在论述中几乎不提及“效度”这个关键名词。

和心理测量学界的重视。由此可见，针对效度理论研究存在着多方面立场，并且各自争鸣。

具体来说，效度研究的主流观点是从社会学视角入手展开的，更多的是关注效度和测验使用的实用性和操作性。主流观点深受美国心理学家 Messick 为代表的一批心理学家的影响。他们主张效度“是一种综合性的价值判断”。Messick（1989）强调“效度验证的并不是测验或观察工具本身，而是根据测验分数或其他指标做出的推断，种种有关分数意义或分数解释的推断，以及有关根据这种解释采取行动可能产生的后果的推断”。也就是说，主流观点认为效度研究是对来自分数解释的各种关系进行的价值判断，研究者需要搜集多方面的证据来证明分数解释和分数使用的准确性。即效度不是测验的固有属性，而是测验分数解释和使用的属性。（Sireci，2009；Kane，2009；Zumbo，2009）

效度研究的非主流观点则关注于测量理论在心理测量领域的应用。研究者们试图遵循物理测量的方法，将心理测量与经典物理测量相比较，找到心理测量目前存在的差异，推进心理测量向科学测量迈进。在这一研究方向上具有突出贡献的研究者为数不多，我们集中讨论了 Stevens 的测量定义及其量表理论。Stevens 旨在促进测量操作在心理测量研究中的实际应用；另一位学者 Michell 则从定量角度探究心理特质的定量结构。非主流这一派学者并没有关注于心理构想的证明问题，他们的理想是提出一套适用于所有测量的理论。如果非主流一派的学者的理想得以实现，那么心理构想的测量问题也就随之解决了。可见，在非主流观点研究的内部，不同的学者之间也存在着研究视角和理论主张的差异，但是他们都在努力探寻心理测量中的效度核心问题，并希望从物理测量中找到答案。他们认为效度是测验的特定属性，与外部的解释和评价毫无关系。（Michell，2009；Borsboom 等，2009；Mislevy，2009）

依据对“效度”这个核心概念的理解，我们将两大流派之间的效度观点总结如下：

表 1　围绕“效度”研究的两大流派

| | 主流观点 | 非主流观点 |
|---|---|---|
| 研究倾向 | 把效度当作学科专业的一部分来研究，注重应用[①]层面。 | 把效度当作科学的一部分来研究，注重理论[②]层面。 |
| 关注点 | 从社会学研究视角入手，将涉及效度的所有因素都纳入研究，包括分数解释和社会评价等。 | 从自然科学研究视角入手，关注于科学测量领域，对效度的研究环境进行净化。 |
| 效度定位 | 效度是分数解释和评价的属性。 | 效度是测量工具的属性。 |
| 研究现状 | 成果丰硕，为众多学者认可。 | 隶属小众，值得探讨。 |
| 研究局限 | 满足实用需求，缺乏理论的科学性。 | 关注理论的抽象层面，缺乏理论的具体实现。 |

可见，两大研究派别在研究倾向、关注点、效度定位等方面都存在严重分歧，究竟孰是孰非，不能贸然决断。科学研究不能因为主流观点成果丰硕，占据效度研究的主导地位就将之奉为典范，也不能因为非主流观点少人问津而将它束之高阁。

我们认识到，构想效度探索的这一现状，是一个很有价值的研究议题。当一门学科不再表现出思想学派相互对抗的特征时，即大多数的科学家在理论和方法论问题上达成一致的时候，这门学科的发展就进入了一个更加成熟和领先的阶段。此时，整个研究领域由一个共同的范式或模型来界定。

在物理学史中，我们可以看到范式的作用。例如，伽利略与牛顿的机械主义观念在 300 年的时间里一直被物理学家所认可：

> 在那段时间里，实际上所有的物理学研究都是在那个框架中进行的。然后，当大多数物理学家转而接受爱因斯坦的模型——一种审视研究对象的新方式时，伽利略和牛顿的方法就被取代了。一个范式对另一个范式的取代被库恩解释为科学的革命。（舒尔兹等，2005：19）

① “应用”是一种技术、系统或产品的使用。转引自 http://baike.baidu.com/view/220910.htm。

② “理论”指人们由实践概括出来的关于自然界和社会的知识的有系统的结论。《现代汉语词典（第 5 版）》，商务印书馆，2005：836。

显然，心理学还没有到达范式阶段，没有一个心理学的形式、方法或概念被所有的心理学家所认同。在整个心理学的发展史中，科学家和从业者一直在寻找、接纳或拒斥这一领域的各种概念，没有一个学派或观点能够成功地整合这些各种各样的见解。认知心理学家乔治·米勒评论道:"没有一种标准的方法或技术可以整合整个领域。"（Miller，1985：42；转引自杜·舒尔兹等，2005：19）

因此，表1中呈现出的如此鲜明的研究论争，体现了构想效度研究乃至心理测量学不断发展，在论争中寻求方向，从而获得进步的强烈愿望。针对目前的效度理论研究，我们需要分别对这两种观点进行分析评述，尽量全面准确地理解各种观点的优劣之处，从而对构想效度研究历程和方向做出明晰的梳理和评价，为构想效度研究的未来发展提出我们的见解和方案。这也正是我们开展此项研究的动力和兴趣所在。

纵览近年来国内外关于效度理论的研究，内容从效度属性的归属问题、心理测量与物理测量的差异比较、效度证据的多元化等不同角度展开。尽管这方面的研究在不断升温，但总体看来还比较零散，普遍缺乏全面和系统的理论解析。具体来说，相关的理论性文章屈指可数，常见的是局限于主流观点本身的理论阐述或非主流观点内部的分析。这两大类研究各自为政，虽然以不同的命名范围进行探索，但是需要解决的根本问题是一致的，就是“心理构想是什么”的科学解释问题。然而目前将两种观点做比较分析的理论研究可谓寥寥无几。如果我们实现了这一方面的理论解析，将勾勒出现有的效度理论研究格局，从而对目前的效度理论研究现状做出尽可能全面、客观的述评，为纷繁复杂但同样有迹可循的效度理论研究做出全新的评价，同时也为今后的效度理论研究提供翔实、准确的背景材料。

### 1.1.2 构想效度研究构想

效度问题早在1890年就出现并受到了关注，之后出现了多种类型的效度表现形式，但是都没有涉及效度理论这一核心问题。直到1954年，构想效度概念的提出，使得效度研究在理论层面上的需求真正凸显出来。关于构想效度理论研究，有诸多值得探索的课题，归纳起来主要涉及以下几个方面。

（1）梳理构想效度研究多年来悬而未决的争论与混乱

开展构想效度研究的第一步就是明确核心概念，即构想效度的含义，这是构想效度的研究基础和根本。然而自从构想效度提出以来，学者们对这一核心概念的理解各有主见，出现了多种不同的观点和解释。基于这些不同理解所形成的研究观点和思路方法也不尽相同，从而造成了该领域的论争与混乱局面。为此，我们有必要对各种主要观点进行梳理和总结，并对其产生的历史、社会和哲学背景做出纵向的全面回顾和综述。在此基础上，我们要做的是，明确迄今为止构想效度研究的症结所在。

（2）构想效度的本意及其本质研究

构想效度提出的本意及其本质是一个研究多年的议题，Cronbach 和 Meehl 这两位构想效度的倡导者（1955）对构想效度的阐述，成为探讨构想效度本质的基础。要想澄清构想效度的混乱与纷争，必须立足于构想效度提出时的本源意图及其背景根源，更为客观、翔实地确立构想效度的本质，为梳理构想效度的理论研究做好铺垫。这是关系到构想效度研究方向和基调的关键性因素。

（3）心理测量界对心理构想的测量研究

在明确了构想效度的本质后，我们发现心理测量界对心理变量的测量活动实质上就是对心理构想的探究，也就是对构想效度的研究。这一研究由于没有冠以“效度研究”的名称，因此游离于效度研究范围之外，但却是我们不可忽视的内容，也是一个值得关注的课题。心理测量界如何对心理构想展开测量，测量结果如何，是否准确地描述了心理构想的本质结构，这些颇具难度的问题，需要我们通过正确理解和深入分析，才能给出答案。此类研究有利于我们形成对构想效度的全面认识，同时也是对构想效度研究框架的重要补充，具有填补空白的意义。

（4）社会学视角对心理构想的研究

自20世纪80年代至今，构想效度研究的主导思想是从社会学角度出发的。在这一视角的影响下，构想效度研究成为了一个涵盖社会、文化、政治、经济等多元因素的综合体，针对具体测验的构想效度检验大量涌现，此时“实用”已经成为构想效度研究的主导思想。当前这一盛行的研究倾向与构想效度的本质有怎样的关系？目前丰硕的构想效度研究成果是否表明了效度理论研究层面的提升？当前的构想效度研究范式是否将一举成为统一效度研究的科学范式？这其实是关系到构想效度研究理论定位和发展方向的重要课题。

（5）构想效度的未来发展方向研究

探讨构想效度的未来发展方向这一课题，是以上述研究议题的完成为基础的。只有在明确构想效度本质及其研究现状和格局的基础上，才能对构想效度的未来发展方向做出判断，提出我们的研究主张。这一部分是承前启后的研究，是构想效度研究理论分析的落脚点，也是构想效度分析技术探究的出发点。

上述课题构成了构想效度研究的主要内容，我们以图示概括如下：

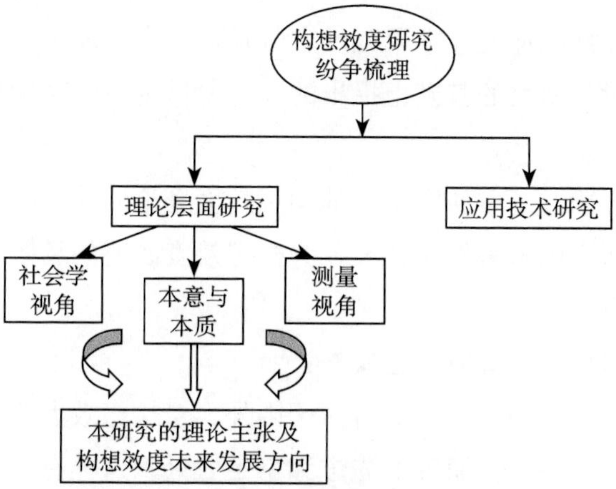


**图1 本书的研究内容**

其中，椭圆里的内容是我们这部书稿研究的目标，椭圆与方框之间的关系是包含与被包含的关系，也就是说，方框中的内容是涵盖在椭圆中的，是组成构想效度研究不可缺少的部分。由此可以明晰地看到，我们对构想效度研究的整体设想和基本架构。

## 1.2 研究思路

### 1.2.1 目标与方法

本研究通过评述构想效度的现有研究，旨在正本清源、消除混乱，提出可行的解决方案。具体来说，主要有三个研究目标：

第一，梳理构想效度研究多年来存在的多种混乱和纷争，从构想效度最初提出的研究本意和本质入手，明确提出我们所认定的构想效度的本质及其研究构想，随后从心理测量界对心理构想的测量视角和效度研究领域对构想效度的社会学研究视角入手，分别对这两大研究领域探究心理构想的状况做出公允的评价和客观的解析，试图呈现当前构想效度研究的理论水准。

第二，根据上述综述和评价，在综合各类研究优劣之处的基础上，提出构想效度的理论研究方向，强调注重对构想效度理论性的证明和对心理构想实在性的探究。本研究的主张是在综合当前主流构想效度研究以及心理测量学研究的基础上提出的，力争呈现一个对构想效度理论探讨的合理总结。

第三，在确立了本研究主张的构想效度理论研究方向后，我们将提出构想效度研究的未来发展方案，为构想效度研究的具体实施提供参考意见。

本研究采取的研究方法主要有：

（1）文献分析与归纳。通过对国内外大量构想效度研究文献的梳理与分析，总结以往相关研究的先进和不足之处，这样有利于我们更为全面、客观地看待构想效度研究现状，从而为我们提出本研究的理论主张和分析方法提供借鉴和经验。

（2）比较法。比较法是对相似而又不同的知识点进行对比分析后，弄清和掌握它们的异同关系。通过比较，往往能从相似的概念与理论结构中发现新的内涵和理论生长点；通过比较，也有利于发现理论之间的内在联系，便于形成新的概念和理论系统。（邓线平，2008：7）通过比较法，旨在直观地呈现心理测量对心理构想的测量状况，对比心理测量与经典物理测量之间的差距，从而明确当前对心理构想的测量存在的问题，帮助我们发现构想效度研究新的理论生长点，形成新的理论主张和理论系统。

### 1.2.2　内容与步骤

本研究主要回答三个问题：

第一，构想效度研究长期以来存在的争议有哪些？这些争议的产生根本上是因为对构想效度的理解尚未达成共识，那么研究者提出构想效度的本意究竟是什么？

第二，心理测量界对心理特质展开了多方探究，这些测量活动效果如何？是否真正测到了心理构想？还有哪些需要改进的地方？目前的主流构想效度研究方法从社会学的角度是否真正测到了心理构想？这一主流研究在理论探究层面是否应该继续传承和发展下去？

第三，构想效度理论探究层面是否应该提出新的研究思路和方案？这些改进的思路和方案具体是什么？如何实现对构想效度未来发展的探究？

对上述三个问题的回答，构成了本研究的重点内容：

（1）确定构想效度的本质。

（2）揭示构想效度研究测量视角的优劣之处，以及构想效度研究社会学视角的优势与弊端。

（3）确立本研究主张的构想效度研究思想，并在实际应用方面提出改进后构想效度研究的探索方向。

由于构想效度研究的文献数量繁多，研究内容和涉及范围颇广，对构想效度理论的梳理和探讨需要从心理学史、心理测量学、测量学、科学哲学、数学等多学科角度综合思考，需要跨学科的研究视野和知识储备，因此理论分析的难度比较大。同时，关于构想效度理论及其应用的历史和前沿研究多为国外英文文献，大量的外文阅读和文献翻译工作也增加了本研究的难度。所以，作为一篇理论综述和评析的文章，大量阅读和正确理解文献是必不可少的环节，也是任务艰巨的工作。

我们的研究步骤是：首先，从构想效度研究文献入手，回顾和梳理当前构想效度尚未解决的难题和亟待梳理的混乱，并对这些问题进行归类和总结，从研究的哲学基础、研究视角、研究方法论等方面勾勒出构想效度的争议焦点。其次，回溯到构想效度概念提出的本意及其理论本质，以历史资料和文献为准，确立构想效度定义的内涵和本质，澄清部分因误解构想效度概念而导致的研究思路和方向上的偏差。再次，针对心理构想这一关键因素，分别对测量视角、社会学视角这两大研究视角的研究现状进行综述和评析，通过类比法明确两类构想效度研究的优势和弊端。在此基础上，提出我们自己的构想效度理论主张，即注重心理构想的实在性和构想效度研究的理论性，并在这两大主张的基础上，尝试解答目前学界对构想效度研究的争议和疑问。最后，在辨析现有构想效度分析方法优劣的基础上，对未来构想效度的检验方法提出合理化建议，并从心理学和心理测量学研究历史中探寻构想效度研究方法的先例和依据，为实现心理构想的科学准确表达提供参考和改进意见。

## 1.3 研究意义

### 1.3.1 理论意义

构想效度理论层面的研究一直是心理学研究中的重点，也是难点。Laming（1997：391）认为“评论测量理论的文章在今天的心理学中是十分必要的”。“历史知识让无序变得有序，赋予那些看起来混乱不堪的东西以意义，并且把过去的观点形成理论，以解释现在。”（杜·舒尔兹等，2005：3）因此，对效度理论发展的纵向梳理是必不可少的。

当前的心理学家和心理测量学家大多从应用层面研究心理构想，对具体测验的构想效度做出检验，缺乏理论层面的探究和对心理构想实质的挖掘。构想效度作为一个理论课题出现于1954年，Cronbach和Meehl（1955）试图从定律网络中间接证明心理构想理论的成立。这一研究思路强调了理论证明、定律关系和测量活动的重要性。然而这一新型理论并没有得到足够的关注，随着定律网络的逐渐淡出，构想效度理论层面的研究受到抑制，几乎停滞不前。本研究在国内外现有研究的基础上，通过大量的文献综述和理论分析，尝试提出一个更符合构想效度本质的理论主张。本研究的理论意义主要在于：

第一，目前国内外的效度理论研究尚未完全成熟，缺乏系统的综述和全面客观的评析，各种纷争尚未平息，而构想效度理论探究是心理测量实现其测量目的和达到科学水平的重要前提，这就决定了本研究的重要性和紧迫性。

第二，本研究以心理测量学、心理学、测量学、科学哲学、数学等多门学科的相关理论作为研究基础和分析依据，这种跨学科的研究视野有助于增强研究结论的解释力，综述和评析结果对于增进效度理论研究的理论性、科学性和系统性会有所帮助。

第三，本研究突破了当前效度理论研究各自为政的局面，打破了主流效度研究和非主流效度研究各说各话的格局，将两种截然不同的观点纳入效度理论研究的大框架下，通过分析比较各自研究视角的优劣之处，形成了对效度研究的多视角多层面的框架布局，对全面理解构想效度理论层面的研究起到一定的总结作用，并为构想效度理论探讨的未来发展提出新的理论主张和见解。

### 1.3.2 实践意义

本研究的实践意义在于：

第一，对构想效度的理论探讨，目前存在多种视角和倾向，这一局面不仅容易造成构想效度研究的混乱，更混淆了研究者以及学习者的思路和研究视线。因此，构想效度的本质内涵是一个至关重要的因素，只有明确了构想效度的本质，才能依据本质形成相应的研究倾向和方法，才能促进效度理论研究的成熟和发展。通过回溯构想效度的本质及其发展轨迹，我们认为，构想是假设的概念，有的具有客观实在性，即假设为真，而有的不具备实在性。也就是说，有的构想能被证明，而有的构想不能被证明。当我们提出一个构想后，按照现代科学的方式去加以证明时，需要通过理论论证，例如定律网络等以定律形式加以证明，并通过实际的经验性检验，方才可以实现对构想的论证。但是如果此构想既无法通过理论论证，又无法得到经验检验，则需要考虑放弃这个构想，重新提出新的构想加以证明。这是本研究的一个基本研究思路和主张。

第二，本研究通过梳理构想效度研究发展历程，呈现了一个涵盖构想效度本质、构想效度研究的测量视角以及社会学视角三大部分的全面格局，为构想效度研究领域提供较为完整详细的框架，有助于效度研究者对构想效度问题的思考与探究。

第三，本研究还为构想效度研究的未来发展方向提供了一些建议。根据对构想效度理论研究的全面认识和评析，以及从心理学发展历史中得到的启示，本研究提出借鉴和引入神经语言学、心理物理学、科学说明范式等学科的确定性研究方法，参考一些新兴的效度检验方法，实现对心理构想确定性和实在性的探究，为效度研究提供科学理论研究方面的思路和实证研究框架。这是本研究最重要的实践指导意义。

需要说明的是，当前的构想效度研究虽然存在理论层面上的缺陷和不足，但是却极大地满足了社会对心理测量效度报告的需求，在应用层面具有积极的贡献。本研究无意于彻底改变现有的大规模构想效度研究格局和方法，因为在构想效度理论探究尚未获得重大突破和进展的情况下，整个心理学和心理测量学界已经习惯于从实用性较强的应用分析技术入手来研究构想效度问题，这一现状是不能轻易改变的。本研究只致力于提出构想效度研究理论层面的问题和发展方向，从而呼吁效度研究者关注构想效度理论层面的探究，真正实现构想效度理论探讨的科学性。

# 第 2 章

# 效度概说

## 2.1 效度概念的发展演变

效度（validity）是心理测量领域最为重要的概念，心理测验发展演变的每一个阶段都离不开对效度的研究和探讨。美国心理协会（缩写为 APA）（1985：9）也曾一再强调："效度是测验评估中最需要考虑的事项。"

关于效度的定义，最为常见的界定是"效度是指一个测验在多大程度上测到了它试图去测的那个东西"（Courtis，1921）。也就是说，效度的主要关注点集中在一个特定的测验测量了什么以及它在多大程度上测到了那个东西。由此，在早期的效度研究领域，检验一个测验所具有的效度时，研究者通常是在被试的测验表现和其他独立的可观测现象之间建立关联。例如，对一个智力测验进行效度检验，会分析被试的测验分数与对被试智力的独立评估（可以是教师对被试智力水平的评估或排序）之间的关联程度。基于这一效度检验思路，效度概念在近一个世纪的时间里得到了充分的重视和发展，下文将逐一简介效度概念的不同发展阶段，并对其做出简要评析。

### 2.1.1 效度概念正式诞生之前（1921 年之前）

"效度"这一名词并非出现在效度研究历史的开端，这个概念是在经历了一系列其他的表述方式后，于 1921 年正式提出的。因此，我们首先需要简单介绍一下效度概念诞生前的相关名词。

#### 2.1.1.1 “测验—标准法”

有关效度的历史，可以追溯到 19 世纪 90 年代。早在 1890 年，Cattell 开发了十项基本测验，随之而来的问题是人们需要知道测验作为测量工具是否合格，也就是说开发的测验是不是一个好的测验。Galton（1908）认为 Cattell 的测验应该与对能力的独立估计[①]进行比较，只有这样才可能获知哪一项测验更加具有启发性。可见，Galton 提出的建议就是将测验与一个具体的标准进行关联，如果二者相关系数足够高，那么人们就认为测验有价值，而与测验相比较的“标准”，则被认为代表了测验的实质。这就是效度概念的最初表现形式，即后来命名的“测验—标准法（test-criterion method）”。应该说明的是，“测验—标准法”是一种旨在考察测验分数与某一标准之间关系的方法，体现了对测验是否有价值的具体操作检验。

#### 2.1.1.2 可信度和价值度

“测验—标准法”提出后不久，研究者们就用可信度（trustworthiness）这个标准来研究测验，认为可信可靠的测验才能探测到真实世界，但是研究者对这个概念并没有提出具体的描述方法和估计方法。

需要说明的是，1907 年 Spearman 引入信度的概念，但是信度与可信度是两个完全不同的概念，信度包含在可信度之中，也就是说，可信度中有一部分内容要求测验可信可靠，另一部分内容则是对测验效度的要求，这一部分被研究者称为“价值度（value）”。

#### 2.1.1.3 诊断价值度和预后价值度

1910 年，“测验—标准法”已经成为检验测验价值度最为合适的方法。在实际操作中，研究者们发现，根据设置时间的前后不同，“测

① 原文为“independent estimate of men’s powers”，实际就是指标准（criterion）。

验—标准法”中的标准也是不同的。例如，标准和测验同时存在，同时用来测量同一批被试，然后对两种结果进行对比分析，这样的研究方式叫作诊断价值度（diagnostic value）。还有一种情况是，测验和标准不在同一个时期中存在，一般是测验在先，在测验实施后过一段时间，再收集标准用来关注测验预测将来的情况，这种研究方式叫作预后价值度（prognostic value）。到 1915 年，诊断价值度和预后价值度已经成为测试中普遍使用的表述方式。

#### 2.1.1.4 小结

可见，早在 19 世纪末 20 世纪初，心理测验作为一种测量工具已得到广泛应用，同时，人们对心理测验是否有效的质疑也相应出现，于是“测验—标准法”作为对测验质量的检验和监控应运而生，而独立于测验之外的评价则通常被当作“标准”，标准和测验分数之间相关系数的高低，成为衡量测验是好是坏的重要标准。至于“标准”的有效性如何，在当时的背景下，研究者们还没有真正涉及和思考这个问题，但是随着研究的深入和测验实践的扩大，“标准”成为效度研究领域颇具争议的问题，引发了一系列的变革。这一部分将在下面的相关章节中予以具体阐述。

### 2.1.2 效度概念的诞生和发展（1921—1954 年）

#### 2.1.2.1 效度概念的产生

随着心理测验在第一次世界大战期间的广泛应用，心理学家也开发了大量的心理测验，但是如何区分测验的好坏，成了一个亟待解决的问题。于是“效度”作为测试领域的核心概念出现了。美国教育研究协会指导委员会[①]（1921）界定效度为一个测验在多大程度上测到了它试图要测的那个东西，同时还公布了一些专用术语，其中包括“测量中两个最为重要的问题是决定测验测量了什么以及它测量的一致性如何。前

① Standardization of the National Association of Directors of Educational Research。

者就是效度问题，后者是信度问题”（Courtis，1921：80）。指导委员会还强调“测验—标准法”是研究测验效度的主要方法（Rogers，1995：246）。在测试领域包含的所有概念中，效度无疑是最为重要的概念，因为它着眼于测验测量到了什么这一核心问题。到 1922 年这个观点已经被广泛接受和认可。

#### 2.1.2.2 效标关联效度

效度概念正式出现后，效度和“测验—标准法”就成为了测量理论的核心，并且引导了在此之后的半个世纪的测验发展。长期以来，评估效度通常使用的“测验—标准法”变成了著名的效标关联效度（criterion-related validity）。诊断价值度和预后价值度的概念也变成了共时效度（concurrent validity）和预测效度（predictive validity）。

也许因为效标关联效度的前身“测验—标准法”的出现早于效度概念，在效度概念正式诞生以来，效标关联效度首先得到重视和运用，20 世纪 20 年代到 50 年代之间，效标关联效度被认为是效度的黄金标准（gold standard）。（Cronbach，1971；Angoff，1988；Moss，1992；Shepard，1993）Cureton（1951：623）在《教育测量》[①] 第一版中，界定效度为“实际测验分数与真正标准分数之间的相关”。效度检验关注的问题是一个测验估计标准的程度如何，这个标准是指“实际任务中的表现”（Cureton，1951：623）。Cureton（1951）具体列举了几种重要的标准，例如“标准分数”“标准样本分数”“执行标准”“中间标准”等，并对其进行了详细的解释和举例说明。可见，各种具体的标准在当时的效度研究中占据重要地位，研究的重点大多关注于测验表现与具体标准的相关情况方面。同样在 20 世纪 50 年代，Anastasi 等学者也在强调“标准”的重要性。可见，用标准和测验分数之间相关系数的高低来衡量测验的好坏，是众多效度研究者一致的认识和主张。

总之，在 20 世纪 50 年代之前，效度研究主要集中在测验的预测功能方面，方法上是通过对测验和标准的相关分析，考查测验对标准

---

① *Educational Measurement*。

的预测程度。测验与标准的相关系数越高，表示测验对标准预测的准确性越高，该测验的效标关联效度就越高，则可认为该测验具有较高的质量，是有效的测验。同时，我们也应当看到，效标关联效度本身存在一些局限性。第一，效标关联效度并不能直接表明测验和效标测的是同一种能力。曾经有研究表明，语言测验和数学测验可能存在很好的相关，但是显然这两个测验所测的不是一种能力，因此效标的选择是非常重要的。第二，效标关联效度有可能导致循环论证，或效标本身不可靠。其实在20世纪40年代，就已经有心理学家认识到了效度标准存在的问题。Meehl（1945：372）在研究人格测验的效度问题时，揭示人为主观制定的标准很难做到客观、准确："测验效度的重大困难就是缺少令人满意的外部标准。" Thurstone（1952）的研究也认为在心理测验中根本找不到外部效标，人的主观判断不能当作准确的外部效标。他们认为在当时的效度研究中，没有一种效标是完全有效的，基于各种标准的相关关联对探究效度起不到根本性作用。可以说，效标关联效度的局限，为构想效度的产生埋下了伏笔，成为构想效度理论诞生的诱因之一。

#### 2.1.2.3 内容效度

20世纪30年代早期，研究者们发现仅仅使用效标关联效度并不能满足实际需要，尤其是学业成绩的标准化测验，例如拼写和阅读测验，需要更加关注一个特定的测验在多大程度上代表了特定的课程要求，于是课程效度（curricular validity）被引入测试领域中，后来改名为内容效度（content validity）。内容效度用来评估测验的题目是否具有代表性，是否符合所教内容的要求。值得注意的是，内容效度只是用于成绩测验、诊断测验等严格按照课程内容编制的测验，不适用于心理测验。

内容效度虽然在学业成绩测验的效度检验方面有一定的意义，但是内容效度本身也存在局限和不足，这主要体现在内容效度只涉及测验和内容范围之间的关系，没有把被试在测验上的表现情况考虑在内。因此，“内容效度只是测验的属性，对于千变万化的被试来说，它是一成不变的……而测验分数的解释，随不同的被试应该是不同的”（Hambleton，1980：38—39）。Messick（1975）则明确提出内容效度不是效度的观点：

> 内容效度基于专业的判断，它关心的是测验内容和特定行为域的内容的关联程度，以及测验题目或作业内容的代表性问题。因此，内容效度与反应过程无关，也与测验的内外部结构、行为的差异以及刺激的反应或社会效果无关。由此看来，内容效度提供的判断，只支持内容范围的相关性和测验内容的代表性，却不支持根据测验分数做出的推断。在对内容效度的典型说明中，甚至没有提到测验反应和测验分数。因此，就其本原的意义来看，所谓的内容效度根本算不上是效度。

除了上述效标关联效度和内容效度这两大效度类型外，1954 年 Anastasi 在她的《心理测验》第一版中将效度划分为表面效度、内容效度、因素效度和经验效度。她将表面效度界定为“测验在外行人眼里看起来要测什么”，并说明表面效度其实在技术层面来说并不算是效度。将内容效度分为“逻辑效度”和“界定效度”，目的是强调对内容关联和代表性的判断，同时也需要判断一些无关因素。因素效度指的是“测验分数与一组测验或者其他行为测量中常见因素的相关”，也就是说，因素效度关注测验的外部结构。经验效度指的是“测验分数和一个标准之间的相关”。这个标准是独立的，并且是对测验将要评估和预测内容的直接测量。可以说，这一时期出现的效度类型丰富多样，不同学者根据自己对效度的理解和分析，提出不同的见解和效度划分，但是最终还是可以归结到效标关联效度和内容效度两大类型上来。

#### 2.1.2.4 小结

在 20 世纪 20 年代效度概念正式产生后，到 20 世纪 50 年代构想效度理论提出之前，30 多年的效度研究中，效标关联效度和内容效度占据了主导地位。这两大效度类型至今仍被效度研究者使用和讨论，仍然是效度检验的主要方法和途径。其中效标关联效度继承了效度概念诞生之初的观点和思路，通过测验分数与标准之间的关联度考察效度问题；内容效度则是为了了解学生对课程掌握情况而提出和发展的，它虽然颇受争议，但依旧是效度的主要类型之一。

根据上文对效标关联效度和内容效度的简要分析，我们可以明确这两类主要的效度类型各有其优势和缺陷，但是它们在实际应用层面都起到了积极的作用，表面上看来解决了当时面临的判断测验好坏的问题。从这个角度来说，我们认为效标关联效度是效度检验的主要方法，内容效度也并不是 Messick 所认为的那样不属于效度范围，内容效度在界定测验内容和限定测验范围方面还是有一定作用的。

### 2.1.3　构想效度的出现及发展（1954—1966 年）

通过上文的介绍，可以明确在 1954 年以前，心理测量领域一直都在回避一个重要的问题，那就是明确界定一个特定的测验测量了什么①。例如一个智力测验可能通过与某种效标的关联来建立效度，这种效标可能是学业成绩、教育目标或教师评估等，在当时智力被认为是"智力测验所测的那个东西"，这一解释似乎已经足够，没有必要再去探究智力是什么。但是随着科学哲学和心理测量学的发展，人们越来越发现，由于人们不能用科学方法清晰、可靠地解释智力测验所测的东西是否是"智力"，就会出现很多难以解释的问题。因此，测验开发者必须界定测验究竟测的是什么，并提供证据来证实他们的观点。于是一种新型的效度类型应运而生，就是构想效度。构想效度这个概念非常明确地关注于一个测验是否测到了它试图去测的那个东西，但这一研究过程是非常复杂的。"对一个测验建立效度所需要的证据是很有难度的，这

① 需要说明的是，教育测量中如成绩测验是以课程内容为测量依据的，所以成绩测验可以明确测量了什么，而心理测量则不考虑课程内容之类的内容效度，所以心理测量尚未明确"测量了什么"。

个过程要求研究者进行细致、艰苦的思考，严谨的调查研究以及数据收集等工作。”（Rogers，1995：26）

### 2.1.3.1　构想效度正式出现

1954 年，APA（1954：214）对传统的效度概念进行了讨论和改进。报告中除了对内容效度、预测效度和共时效度做出分析之外，还提出了一个新的概念，就是“构想效度”：

> 构想效度的评估是通过研究一个测验测到了什么样的心理特质来进行的。检验构想效度需要逻辑和经验的考查。最重要的是，在对构想效度的研究中，我们要对隐含在测验中的理论建立效度。

紧接着，Cronbach 和 Meehl 这两位构想效度的倡导者于 1955 年撰文对构想效度进行了详细的论述。他们详细解释了提出构想效度的必要性，也就是在什么情况下必须要研究构想效度：

> 当一个测验被解释为是对某个无法进行“操作性定义”的特质或性质进行的测量时，就需要考虑使用构想效度检验了。
>
> 当一个研究者深信没有一个标准是完全有效的，那么他就会倾向于考虑构想效度研究，因为这是唯一用来避免“无尽的烦扰”的方法，这些“无尽的烦扰”来自于每一种标准都与其他的最终标准存在关联。（Cronbach & Meehl，1955：282）

可见，Cronbach 和 Meehl（1955：282）认为，当无法对所欲测量的特质进行操作性定义，以及现有的标准都不完全有效和可靠的时候，就是需要探究构想效度的阶段了。通常在这样的情况下，对所关注的特质的测量也都是以间接测量的方式进行的，所以最为重要的是那个潜在的特质或性质，而不是测验行为或测验分数：

> 在这里，隐含在测验中的潜在特质或属性才是最重要的，而不是测验行为或分数。

至于研究构想效度要达到什么目的，Cronbach 和 Meehl（1955：283）也进行了说明：

> 构想效度将要回答一些类似这样的问题：这个测验在多大程度上是不受文化影响的（culture-free）？这个测验的“数据解释”测量了阅读能力，定量推理，还是响应集？如果一个人在会计考试中得到 A，在 CPA 考试中得到 B，另一个人在会计考试中得 B，在 CPA 考试中得 A，这两个人能力之间有怎样的差别？

也就是说，构想效度要解答的问题，都是当时所有的效度分析所无法解答的问题，都是需要对抽象的心理构想做出解释的。具体到构想效度研究中必须注意的问题，Cronbach 和 Meehl（1955：300）的说明是：

> 构想效度不应表述为一种简单的相关关系。
>
> 构想有可能是多样的，可以是“纯描写”的构想，也可以是具有理论高度的。构想包含了假设的实体，或者是对其他科学的构想做出判断。
>
> 研究构想效度的过程与提出和确立一个理论的基本程序没有本质的区别。

可见，Cronbach 和 Meehl 认为效度的传统检验方法有问题，当时仅限于对不同类型的效度做出详细描述并不是很好的解决办法。他们提出，理想的解决办法是明确界定测试中的理论构想或心理特质。构想效度关注的是一个特定的测验是否有效地测量到了那个导致测验表现的理论构想。例如检验一个智力测验的构想效度，就是要看这个测验在多大程度上有效地测量到了一个清晰有效的智力构想。从这个层面上看，构想效度研究与理论存在密切关联，需要从理论的高度来探究效度问题，这正是心理学家“迫切需要的，一种作为真正的科学研究的名誉和行动”（Camfield，1973：73；转引自 Rogers，1995：244）。

随着构想效度的提出，这个新型效度理论被迅速接受并成为测试研究的核心。Loevinger（1957：641）提出“从科学的角度来看，构想效度就是整个效度的核心”。到构想效度提出的第五年，也就是 1960 年，“效度、构想”已经成为《心理学摘要》中收录文章的主要标题。总之，构想效度已然成为研究者的主要研究课题。

### 2.1.3.2　构想效度的特点

首先，构想效度作为一种效度概念，是在明确了内容效度和效标关联效度这两大效度类型的优劣的基础上提出的，Rogers（1995）将构想效度的出现界定为效度研究的“理论重建”。显然，与其他两大效度类型相比，构想效度研究的突出特点就是要围绕构想效度这个概念而形成一套理论，而效标关联效度和内容效度则无需考虑这些，仅从具体的标准关联程度和内容代表性方面做单一的评判和检验即可。

其次，在“测的是什么”和“测得如何”这两个问题上，构想效度首先关注于前者，也就是确定测验测量了什么东西，然后来检验在多大程度上测到了这个东西。根据这个研究步骤，如果我们要证明一个智力测验具有构想效度，那么首先需要得到有关智力的明确界定，形成对智力构想的一个理论假设，然后通过逻辑推理、测量活动和反复验证，证明理论假设的成立，从而证明有关智力的理论构想存在，那么就实现了对智力理论的证明，也就完成了对智力测验的构想效度检验。然而，其他两大效度类型并未有意识地去确定“测了什么”，而是默认测验要测什么是不言自明的，无需专门证明，直接关注于“测得程度如何”。

再次，在效度检验的证据方面，构想效度要求证据的充分和确凿，在这一点上，Cronbach（1990）的解释是：

> 许多证据凑在一起才能对某一个解释提供支持。正面的结果证明测量有效，同时也证明构想有效。一旦理论没有得

到证实就需要寻找一个新的测量程序，或者，寻找一个与数据拟合更好的概念。

也就是说，Cronbach 的理想是，在构想效度检验方面向科学理论的论证方式靠拢，通过搜集充足的证据来证明一个构想。其中测量十分重要，提出的构想要与数据拟合也是关键的因素。

常晓宇（2001：18）也将该研究思路总结为："是通过测量什么、不测量什么的证据积累起来给以确定的，并不以单一的数量指标来描述构想效度。"

总之，构想效度与其他两大效度类型相比，在理论定位、研究关注点以及检验证据方面，都呈现出明显的差异和不同。

2.1.3.3　小结

构想效度的出现成为测试领域的一个重要转折点，其突出"贡献"就在于它的倡导者认识到 1954 年之前效度研究的"致命缺陷"，即对"测什么"没有给出明确的界定和理论上的解释。如果心理测验回避这一缺陷而毫无突破，那么效度检验将失去科学意义。在这个前提下，构想效度的倡导者明确地指出要取消没有明确定义的测量，不再使用未经确切定义的测验。可以说，构想效度的引入，为效度研究领域介绍了一种全新的测量视角，强调对"测的是什么"这个测量对象进行明确界定。Cronbach 和 Meehl 作为构想效度的倡导者，认为在缺少可靠的标准（criterion）的情况下，构想效度是最为合适的研究对象。一个理论构想作为分数解释的基础，本质上就是要求对"要测的那个东西"给出明确定义。举例来说，一个具有构想效度的智力测验必须要有一个明确的理论来说明智力是什么，而一个不能定义出它测到了什么的测验就是无效的，起码不具有构想效度。1954 年构想效度的提出，彻底改变了传统的测验效度定位，"在理论上，未经定义的测验被彻底废弃了（当然，实践中还远未能做到这一点）"（常晓宇，2001：18）。

在构想效度的检验方面，我们也应当认识到"构想效度的证明过程极为艰巨繁复"（Clark，1959：100），效度证明是一个反复的、持续的过程，一个活跃的、不断被重复的过程，甚至可以说“永远不会结束”（常晓宇，2001：18），“但对有志于行为科学的测验开发者来说却是十分有价值的”（Clark，1959：100）。

### 2.1.4 效度是一个整体概念（1966年—21世纪初）

#### 2.1.4.1 效度是一个整体概念的观点

上文提到，构想效度的出现，标志着在理论上未经定义的测验被彻底废弃了，当然，在具体实践中还远未能做到这一点。因此，我们在憧憬理论重建的同时，也必须清醒地认识到构想效度的证明过程极为艰巨繁复，而社会对测验的实际需求日益增加，并且越来越迫切，可以说，效度以及构想效度的研究，不仅面临科学性的要求，更加严峻的是面临迫切的实用性和社会性的要求。

在构想效度提出后，心理测量研究领域对效度类型的划分出现了不同的界定，并随着年代的不同不断演变。我们以美国心理学会（APA）制定的标准、Anastasi的《心理测量》以及Cronbach的《心理测量基础》为例，呈现二十世纪五六十年代至二十世纪末这一时间段内，效度类型划分的演变：

表2 二十世纪五六十年代至二十世纪末效度类型划分演变

| 著作 | 年代 | 效度类型 |
|---|---|---|
| APA标准 | 1954 | 内容、预期、共时、构想效度（4种） |
| | 1966 | 内容、效标关联、构想效度（3种） |
| | 1974 | 同上 |
| | 1985 | 同上 |
| | 1999 | 效度是一元化的整体 |
| Anastasi《心理测量》 | 1954 | 表面、内容、因素、经验证据效度（4种） |
| | 1961 | 内容、预期、共时、构想效度（4种） |
| | 1968 | 内容、效标关联、构想效度（3种） |
| | 1976 | 同上 |

（续表）

| 著作 | 年代 | 效度类型 |
|---|---|---|
| | 1982 | 同上 |
| Cronbach《心理测量基础》 | 1949 | 逻辑、经验证据效度（2种） |
| | 1960 | 内容、预期、共时、构想效度（4种） |
| | 1970 | 内容、效标关联、构想效度（3种） |
| | 1984 | 内容、效标关联、构想效度（3种） |

从上表中可以看出，从20世纪60年代以来，心理学家对效度类型的划分一致地倾向于内容效度、效标关联效度和构想效度三种，在阐述中间接地表达了对效度概念整体化的研究主张。

1966年，美国心理学会（APA）最早尝试性地提出了效度是一个整体概念①的观念，指出三种类型的效度仅在概念上相互独立，如果想全面考察一个测验，需要考虑所有的效度信息。Cronbach（1980）把效度一元化的趋势概括为“所有效度都是一个整体”，再次明确了一元化效度理论的地位。Anastasi（1982）在第五版《心理测验》中的标题使用“效度检验（validation）”而不是“效度（validity）”，可见，Anastasi也认为效度类型不再以单独的形式出现，而是包含在“建立构想效度的过程”这种动态的行为之中。APA（1985）提出，内容效度、效标关联效度和构想效度不再被称为效度种类（types），而是作为效度证明的三种范畴，由此也出现了一些关于一元化的名词，如效度检验（validation）、构想证据（construct evidence）、内容证据（content evidence）、效标关联证据（criterion-related evidence）等。可见一些著名的心理测量学家在其研究中都突出了他们对一元化的重视，强调三种类型必须结合起来建立对测验分数的解释：

> 三种效度证明的类型（即内容、效标关联和构想效度）并不可以任意选择，几乎所有的测验都可以综合这三种方式，

① 陈宏（1997）将“效度是一个整体概念”译为“效度一元化”，同样表达了效度整体论的观点，本研究将采用“效度一元化”的译法进行探讨。

共同建立一种解释，单独的一种方式都无法代表对测验分数的解释。（Cronbach，1984）

Cronbach 的意思是，不同类型的效度分别从不同角度及层次对测验假设要测到的东西做出描述和说明。然而在使用这些不同标准和方式对测验效度进行多方面的探索时，人们逐渐发现，效度只有通过收集一切有关的信息并给以解释才能证明（陈宏，1997）。于是，心理测量家们开始倾向于把不同类型的效度看成是包含在一个一元化效度概念中的不同的方面（Bachman，1990）。由此，效度一元化理论建立起来，并被广泛接受。

#### 2.1.4.2 效度一元化的主张和特点

在一元化理论中，除了构想效度是效度一元化理论的研究核心外，这个时期处于效度研究领军地位的心理学家 Messick 还将测验的社会价值等因素纳入效度研究中。Messick 强调社会效果对建立效度的影响，任何测验都是以实用性为出发点的，因此在建立效度时，必须考虑实用层面和社会层面的东西。Messick（1980）划分了效度研究的四个层面：

**表 3 Messick（1980）划分的四个效度研究层面**

| | 测验解释 | 测验使用 |
|---|---|---|
| 经验基础 | 构想效度 | 构想效度 + 有用性 |
| 效果基础 | 价值蕴涵 | 社会效果 |

用 Messick 的话说，建立效度必须考虑这几个方面的证据：（1）分数解释的证据基础，包括内容、本质、结构、概括性、外部因素和效果等几个方面的证据；（2）分数解释的社会效果，包括价值判断和方法论等方面；（3）测验使用的证据基础，包括构想、内容、效标关联证据以及推广性等；（4）测验使用的社会效果，包括潜在效果、测验的错误使用以及效度方面的影响。

1989 年，Messick 再次强调效度是一种总体性的、评价性的判断，代表了实验证据和理论原理在多大程度上证明了由测验成绩所得解释的充分性和恰当性，将效度划分为多种类型的传统做法得到的效度是支离破碎的、不完整的，而且这种做法缺乏对测验成绩的价值内涵和社会后果的考虑。一元化的效度概念将这些方面综合起来组成了一个更为全面的构想效度理论。他提出了效度证据的六个方面，包括内容、实在性、结构、概括、外部因素和效果等，强调旨在收集用于评价分数解释和分数使用效果方面的各种证据。Messick 的观点得到了心理测量学界的高度关注和应用，至今仍是效度研究的主流思想。

#### 2.1.4.3 效度一元化理论的不足

效度一元化理论虽然成为效度研究的主流思想，但是在具体执行中，一些心理测量学家还是发现了它的缺陷和不足。早在 1986 年，Anastasi（1986：3）就指出，根据效度一元化理论，“测验开发和使用中的所有信息，几乎都被归结到效度范围内”。可见，Anastasi 发现一元化理论的一个显著缺陷，就是过于繁杂，无所不包，跟测验有关的所有因素都被归结到效度范围内。与 Anastasi 有相同感受的还有 Cronbach，他将效度检验的特征描述为“一个冗长的，没有尽头的过程”（Cronbach，1989：151）。虽然这两位著名的心理测量学家都对效度一元化理论提出了质疑，但是并不影响该理论在效度研究领域的盛行和主导地位。直到今天，效度研究领域仍然以一元化理论为指导，其中学者 Kane（2012：7）继承了 Messick 的效度理论，他在接受效度一元化理论的同时，认为该理论缺乏“实际操作性”：

> 构想效度一元化的视角只是作为效度概念的统一框架，而它并不能提供对解释测验分数或测验使用的具体指导。在强式理论缺失的情况下，构想效度倾向于变成一个开放的概念，而且对于构想效度的研究，我们并不清楚该如何开始以及如何获得进展。

由此可见，时隔 20 多年，Kane 对效度一元化理论的认识与 Anastasi 和 Cronbach 是相同的，他们一致认为 Messick 主张的效度一元化理论过于宽泛和抽象，缺乏实际的操作性和执行力。

#### 2.1.4.4 小结

构想效度的提出，使得效度研究向科学研究方向迈出了一大步，随之出现的效度一元化理论则使得效度研究向社会学方向迈进，二者是朝着不同的目标发展的。虽然一元化理论的核心仍然是构想效度检验，但是此时的效度概念已经不断扩大，不仅从测验解释、测验使用、经验基础、效果基础方面划分出效度的四个层面，还进一步提出了构想效度的六种证据。可以说，以 Messick 为首的一元化理论学家将效度研究从心理测量领域扩展到了社会、经济、价值等多领域。正因如此，才有诸如 Anastasi、Cronbach 以及 Kane 等研究者对一元化理论“过于开放，没有可操作性”等缺陷的批判。我们认为，效度一元化理论作为效度研究的主导思想，反映出的一个关键信息是，二十世纪七八十年代之后的构想效度思考，已经偏离了其本意和本质，一元化理论逐渐淡化了对“测什么”的探究，而这个议题却是构想效度理论提出的研究重点以及核心问题。一元化理论将“测什么”的问题搁置一旁，代之以社会学方面的价值、有用性等因素，从而呈现出效度概念纷繁复杂，效度证据丰富多样的局面。我们认为一元化效度理论的出现，实质上背离了心理测量学界向科学化、理论化研究发展的本意，而是在现实需求下向实用主义靠拢。一元化效度理论是一种实用主义和人文主义相结合的产物。

### 2.1.5 效度的论据理论（21 世纪初—至今）

#### 2.1.5.1 效度论据理论的出现

上文总结了 Messick 扩展的效度一元化理论，以及实现效度证据多样化的主张。对于 20 世纪 80 年代兴起的构想效度一元化理论，一些效度研究专家在予以肯定的同时，也指出了这个综合性概念暴露出的不足，即缺乏具体的操作应用，在应用方面存在不切实际的空泛现象。针对这种缺乏有效执行力的理论，House（1980）以及 Cronbach（1988）都曾建议，建构一种基于论据（argument）的效度检验方法来弥补这些缺陷，通过细化对测验分数的解释和使用来作为效度检验的框架。基于诸多效度研究专家对效度一元化理论的评价和改进建议，Kane在遵从Messick效度证据观点的基础上，提出了效度检验的论据法。

### 2.1.5.2　效度论据理论的特点

Kane（1990）将效度检验的论据分为两类，分别是解释性论据和效度论据。他将解释性论据看作是用来提供一个清晰的陈述，描述基于解释和测验结果运用的相关和假设；效度论据则要求综合不同来源的各种证据。Kane（2006：17）再次将两种证据综合为效度检验的方法，即“效度检验通常包含对分数解释和分数运用的细化（解释性证据）和评估（效度证据）”：

> 效度检验而不是效度，主要有两方面的区别。第一，效度检验包含关于分数解释和应用的证据的探测情况。第二，效度检验与评价结合在一起，评价是对分数解释和应用的合理性和恰当性进行的评估。

Kane（2008）进一步强调测验解释应作为效度检验的核心议题。随后，他对可观测属性的效度检验和效度证据之间的差异进行了比较，指出效度证据的收集需要测量潜在特质，这一方面的研究还不够完善。总之，Kane在继承Messick效度理论的基础上，在实际操作方面做出了努力，例如他尝试建立包含推理和假设的网络，对可观测特质的效度检验和效度证据之间的差异进行比较等。这些具体实践对Messick效度观点的推广和主导地位的巩固是十分必要的。

可以说，Kane提出的效度论据理论在当今的效度研究领域占据主导地位。《语言测试》[①]在2012年第一期还辟专栏探讨了Kane的效度论据研究，足见当前以“效度”为核心论题的研究所关注的理论和方向。但是效度论据理论仍然是在效度一元化理论的基础上改进和发展而来的，该理论仍旧摆脱不了其实用主义的倾向，在科学理论层面的探讨止步不前。

---

①　*Language Testing*，英国语言测试领域研究成果的核心期刊。

### 2.1.6 总结

根据以上的效度发展演变概说以及简要评价，我们将效度概念演变历程及相关研究以图示呈现如下：

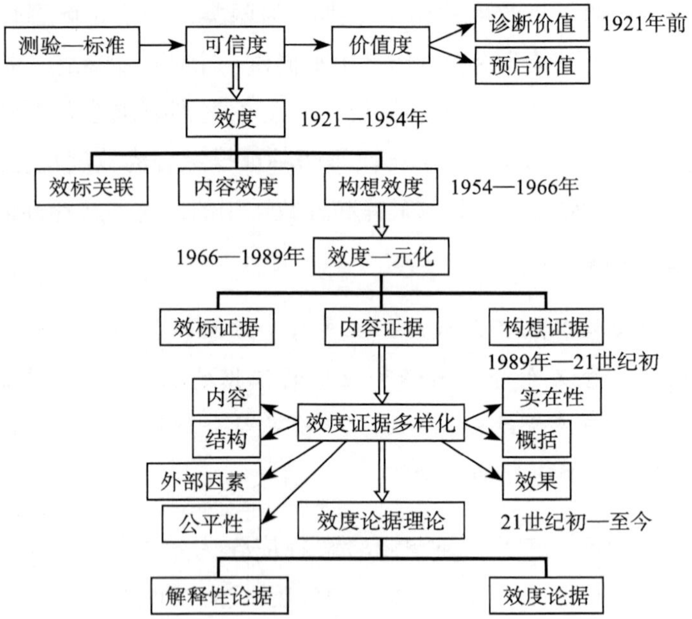


**图 2　效度概念演变历程**

透过效度概念的发展轨迹，我们可以清晰地看出，早在 19 世纪末 20 世纪初，心理测验作为一种测量工具，在心理测量领域得到广泛应用之时，“标准”这个关键词就应运而生了。“标准”是独立于测验之外的评价，作为对测验质量的检验和监控，用来与测验分数进行相关分析，成为衡量测验是好是坏的重要标准。直到 20 世纪 50 年代构想效度理论提出之前，这漫长的 50 多年中，效度研究中占据主导地位的仍然是以“标准”为核心思路的效标关联效度，以及后来出现的内容效度。这两大效度类型至今仍被效度研究者使用和讨论，仍然作为效度检验的主要方法和途径。然而，效标关联效度和内容效度①并未涉及效度研究

① 上文做过解释，这里强调的是心理测量的内容效度，而非教育测量中所研究的内容效度。

的核心——“测的是什么”的问题，这两类效度研究都没有对这个“要测的东西”给出明确的界定。可以说，这个时期的效度研究并没有触及效度的核心和本质。

1954 年构想效度的提出，彻底地揭露了这一隐患。在“测什么”尚未得到重视和探究的情况下，构想效度旗帜鲜明地指出要取消没有明确定义的测量。所以说，构想效度是效度研究中的一种全新的测量视角，强调对“测的是什么”这个测量对象进行明确界定。Cronbach 和 Meehl 作为构想效度的倡导者，彻底改变了传统的测验效度定位。

在构想效度研究者试图将效度研究提升至理论高度的同时，效度一元化理论的出现则使得效度研究向社会学方向发展，可见这二者是朝着不同的目标发展的。以 Messick 为首所倡导的一元化理论，以及 Kane 提出的效度论据理论，都将效度从心理测量领域扩展到社会、经济、价值等多领域中。由此，二十世纪七八十年代之后的构想效度思考，已经偏离了其最初的测量研究方向。

显而易见，构想效度研究的科学化、理论化进程并不顺利，可谓一波三折，困难重重。究其根本，可以看出对于“测什么”这一核心问题，效度研究领域经历了从最初的无视，到构想效度对这个问题的注重，又转变为一元化理论对其的淡化这样一个长期的过程。这种主流思想忽略了对构想效度理论层面的科学探究，而关注于社会学方面的发展，是实用主义和人文主义共同作用的产物。这类研究离对科学理论的探索越来越远，形成了今天呈现出的效度证据丰富多样，但科学理论层面的研究模糊不清的局面。

## 2.2 效度研究领域中的争议

时至今日，效度研究已经经历了近一个世纪的研究历程，并取得了较为丰硕的研究成果。然而，虽然具体的心理测验极大地满足了社会应用及政治决策的需要，但是作为效度问题的根本，构想效度研究仍然是心理测量界的一大难题，仍然存在诸多争议和挑战。其中，我们认为主要的争议体现在“构想效度究竟是指什么有效”，以及“对心理构想解释的物理学视角还是社会学视角”。

### 2.2.1 构想效度究竟是指什么有效

在教育和心理测量界，效度被认为是最为核心的概念。虽然在1921年效度概念正式提出时，研究者就声称“效度是指测验在多大程度上测到了它想要测的东西”，但是经过多年的效度研究历程，我们可以看到这个概念并不足以清楚、准确地表达效度的本质含义，至少我们看到不同的学者根据自己的理解和知识背景，以及所处的社会环境等因素，对效度（尤其是构想效度）存在不同的理解；正是因为没有对构想效度要测什么形成一致的认识，一些学者会对不同的构想效度定义均表认同；有时会在不同的构想效度定义之间反复、摇摆。因此，“构想效度究竟是指什么有效？”成了一个争议颇多的问题，在确定构想效度是指什么东西有效方面，已经存在各种不同的说法和见解，混淆了构想效度的研究基础和思路。

根据常晓宇（2001）、张凯（2004）对构想效度概念混乱状况的总结和阐述，我们认为目前心理测量界对构想效度定义的研究大致呈现两种状态：一类是完全的误解，一类是不全面的理解。

#### 2.2.1.1 完全的误解

根据效度研究方面的学者对构想效度界定的整理和归纳，我们可以明确一些学者的表述是对构想效度的完全误解，具体表现在：

（1）把“构想（construct）”理解为“结构（structure）”

构想效度的英文表述是“construct validity”，国内的学者将这个关键词翻译成中文，就会出现一些不同的译法和理解。例如凌文辁、滨治世（1988：16）把构想效度翻译成“构造概念效度”，王重鸣（1990：142）把构想效度翻译成“构思效度”，刘润清（1991：18）则翻译为“编制效度”，徐枞巍（1992：344）把构想效度理解为“构念效度”或“构造效度”等。不仅是国内的学者，国外的一些研究者也持有同样的观点，如 Allison（1999）认为“Construct（构想或结构）是我们想要教或想要测的东西的表征，如‘听力理解’及其组成成分”。可见，很多人把构想效度这个概念译成“结构效度”。张凯（2004：8）总结认为：“根据这个译法，有人认为结构（构想）效度是指所测能力的构成（如智力的各个因素）和测验结构（structure）之间的一致性程度或对应程度。”

（2）测验在多大程度上符合理论的要求

Heaton，B.（1975：154）对构想效度的理解是：“如果一个测验具有构想效度，则它能够测到某种特定的属性，而这种属性和一个语言行为或学习理论所说的是一致的。这种效度假设在能力和技能的习得背后存在着某种学习理论或构想。”

Fraenkel，J. R. et al.（1993：548）指出：“构想效度是一种工具对一个预先假设的心理构想或不可观察的特质进行测量的程度。”

Alderson，Clapham & Wall（1995：183）的观点是：“构想效度是测验建立效度的一种方式，它基本上就是评价测验在何种程度上成功地建立在它所依据的理论上。”

高兰生、陈辉岳（1996：75）认为：“构想效度反映的，是测验在多大程度上符合理论方面的要求。”

这类观点还可以在刘英林（1990）、刘润清（1991）、周大军、高兰生（1998）的阐述中看到。

（3）构想效度与内容效度类似

部分学者认为，构想效度与内容效度类似，如果测验没有什么实在的内容可以依据（谈不上内容效度）的话，总得找点东西来代替内容效度，这东西就是构想效度。

还有的学者把内容效度与构想效度混为一谈，认为内容效度的考察大纲是理论结构的一个样本，内容效度可以转化为构想效度，内容效度与构想效度很难截然分开，属于一个整体。

其实，在建立构想效度的方法中，先考察测验的内容效度的方法也是其中一种，“因为有些测验对所测内容或行为范围的定义或解释类似于理论构想的解释”（戴海琦、张锋、陈雪枫，1999），但这种方法当且只有当“测验对所测内容或行为范围的定义或解释类似于理论构想的解释”时才成立，考察内容效度的方法多数情况下并不适用，况且内容效度本身就难以测定（常晓宇，2001）。

（4）对构想效度的彻底否定

在构想效度提出50多年后，出现少数学者对构想效度持彻底否定的态度。如Borsboom等人对Cronbach和Meehl（1955）的认识是：

> 构想效度的观点从产生就注定了死亡。Cronbach和Meehl（1955）提出的构想效度从来没有过任何研究实例。相应地，在当今的效度理论中也没有定律网络的轨迹。（Borsboom et al.，2009）

在这种完全否定的态度下，Borsboom等人更加坚定了对构想效度的批判，同时试图从效度命名的角度取消“构想效度”这一术语：

> 我们认为构想效度理论中使用的“构想”一词，在两个方面是不一致的，也就是说，这个词同时指向了理论术语（如，一个标记）和指派术语的证明（如，一个研究者使用一种测量工具发现了这一现象）。这种双重意义制造了大量的误解和混乱……。因此，我们建议将“构想”一词去掉，……。我们认为效度的概念，正如通常所理解的那样，在理论上和实践上都优于构想效度概念。最后，我们提出的主张是构想效度一直使得研究者躲在迷雾之后，免于思考和解决心理测量的真正问题。（Borsboom et al.，2009）

在上述观点中，Borsboom等人认为构想效度中的“构想”一词，不仅没有任何实际意义，反而制造了混乱和误解。他们更加赞成使用“效度”替代构想效度的核心地位，也就是说之前对构想效度的多方论述和证明，都是无益于效度检验的。可见，Borsboom 等人（2009）彻底否定了构想效度的地位和作用。

### 2.2.1.2　不全面的理解

除了上述对构想效度概念产生的完全的误解外，提到一个测验具有构想效度时，究竟是什么东西有效？测量界有三种不同的解释：构想有效、测验有效、测验的分数或分数解释有效。另外，还有一些令人费解的表述，这是由于研究者自身对构想效度理解的模糊和不确定所造成的。

（1）测验的构想有效

测量界里，这种看法由来已久。早在提出构想效度之时，Cronbach 和 Meehl 就已经不是把效度问题理解为测验是否测到了某个特质这样单纯的事实性问题，而是当作由测验分数所做出的推论是否与包含各种理论与观察术语的规则网络（nomological）相一致的问题。（陈宏，2012：2）

Henning（1987：98）认为“建立构想效度的目的是证明被测量的潜在的理论构想本身是有效的”。

国内的桂诗春、宁春岩（1997：293）以及陈俊良（1991：103）的说法与之类似。

《教育与心理测量标准》[①]（AERA，1999：5）声称，“测验就是对构想的测量工具”，“所有测验分数”都应“看作某种构想的测度”（AERA，1999：174）。有了《标准》的支持，效度指构想有效这一解释很快成为测量界居统治地位的主流意识。（陈宏，2012：2）

（2）测验有效

还有学者认为构想效度是测验（测量）的有效性，如 Kelly（1927：

① 由美国教育研究协会（American Educational Research Association，简称 AERA）、美国心理学会（American Psychological Association，简称 APA）和美国国家教育测量学会（National Council on Measurement in Education，简称 NCME）共同制定，以下简称《标准》。

14）提出，测验如果测到了它声称要测的东西就是有效的。Anastasi对效度定义的阐述几十年基本未变，她在效度问题上的看法长期以来为人们广泛引用并产生了深远影响。Anastasi（1982：144；1997：126）认为“测验的构想效度就是测验在多大程度上测出了理论构想或理论特质”。这种观点实质上强调的是测验或测量的工具属性。

戴忠恒（1987：233）、凌文辁、滨治世（1988：17）、王重鸣（1990：142）、Fraenkel & Wallen（1993：548）、Brown（1996：239）、Kline（1998：37）、刘永芳、房慧聪（2001：188）对构想效度的界定，也都认同测验有效的理解（张凯，2004）。

（3）测验分数或分数解释有效

在构想效度表述对象的问题上，目前占据主导地位的解释是，效度是分数解释或根据分数所做推断的有效性。Messick（1989：13）说，“效度不是测验……的特性，而是测验分数的意义的特性”。Fraenkel & Wallen（1993：193）说，“需要证明有效的，不是工具本身，而是工具在特定的应用中产生的推论”。Cronbach（1989：151）自己后来也说，构想效度“证明的是特定的分数解释”。持这种观点的还有Ebel & Frisbie（1991：108）、Bachman（1990：290）、Bachman & Palmer（1996：21）、Chapelle（1998：50）等。

1999年《标准》的修订版基本接受了Messick对效度的定义，承认效度检验过程所“评估的是根据人们提出的应用需求对测验分数所做的解释，而非测验本身”。同时承认“人们提出的测验应用需要对测验分数做出解释，效度指的是证据和理论对这种分数解释的支持程度”（AERA，1999：9）。此后，“这种效度观念在测量界便逐渐形成思维定势，而且表述更简单、明确、直截了当”（陈宏，2012：4）。

（4）含混不清、前后矛盾的表述

正是由于心理测量学界对构想效度表述对象的不确定、不统一的现状，导致争议不仅表现为研究者们对这个问题有不同的理解，而且还表现为，“研究者个人有时会同时认可两种表述对象；有时会在不同的表述对象间反复、摇摆；而且有些学者在效度表述对象问题上的不一致甚至在同一部著作中也会出现”（陈宏，2012：4）。这种对构想效度含混不清的表述，很容易给读者造成误解和歧义。

Alderson，Clapham & Wall（1995：286—287）说：

> 每个理论都包含若干构想，并力图定义构想之间的关系。……为了测出一个测验的构想效度，编测验的人必须使测验和潜在的理论挂上钩，然后将测验结果和那个理论进行比较。

这好像是说构想有效，但他们接着又说：“构想效度就是评价一个测验对那些构想的测量程度如何。”这又似乎是说测验有效了。杰克逊（1996：91）、Sax（1997：313）以及 Loewenthal（2001：17）等人对构想效度的表述也同样存在各种混乱，对构想效度的界定通常指代不明。（张凯，2004）

Henning（1987：89）虽然在陈述效度定义时说过：“效度一般指某个特定测验或其任何组成部分作为对它声称要测量的那个东西的测度的恰当性”，似乎认为效度是测量的属性，然而其后在同一部著作中定义构想效度时，Henning 却明确指出，测验“声称要测量”的，就是“潜在的理论构想”，而“建立构想效度的目的，就是证明被测量的潜在的理论构想本身有效”，可见当时在 Henning 的意识中，效度的实质就是构想效度。

Borsboom 等荷兰学者也是很明显的例子。一方面，他们承认效度是测验本身的属性，明确肯定 Kelly（1927）提出的效度定义是正确的，而另一方面，Borsboom 等人（2004）在阐述其效度主张的文献中，却明确表示：

> 仅凭心理测量技术和心理测量模型解决不了效度问题。正相反，这个问题必须由实体理论来处理。测验效度是个心理学无法外包给方法论去解决的问题。

显然，这里“有效”所表述的已非测验本身的属性，而是测验构想或有关构想的理论了。（陈宏，2012：6）

由上述多种多样的构想效度概念，我们可以明确，“构想效度究竟是指什么有效”这个问题存在多样的回答和复杂的论争，是一个值得研究的课题。

### 2.2.2 心理构想解释采用物理学视角还是社会学视角

早在19世纪中期，心理物理学的出现，引发了一场关于人类心理构想解释应该采用物理学视角还是采用社会学视角的争论。

心理物理学（psychophysics）研究，像这个词本身所表明的那样，研究的是精神（心理）世界和物质（物理）世界的关系。这一研究包括提起重物、视觉明度、视觉距离和触觉距离的实验。（舒尔兹，2005：66）从名称上看，心理物理学一方面要以心理学为基础，另一方面还要能为心理学提供数学基础。心理物理学要从物理学研究中得到启发和方法论，从生理学和解剖学中得到更多的神经系统方面的东西。可见，心理物理学的解释视角主张从客观存在的生理机制上寻求依据，并结合物理学的数字化表达方式，力图使心理学成为物理学那样的精密科学。

然而，“在测量界乃至一般测验用户那里，主张效度的实在性似乎注定是要坐冷板凳的”（陈宏，2012：7）。显然，在关于人类行为解释的物理学和社会学（即自然本性和后天因素）视角之间的这场争论中，社会学解释视角占据了上风。这一视角对心理测验的思考和分析与测验所处的社会环境相联系，从道德和实际应用等方面研究人类行为，至今仍是心理测量和构想效度研究的主流观点。

主流观点显然已经更倾向于将效度看作“价值判断”问题（Messick，1989），而《标准》“为方便持各种不同见解的心理学家开展工作”，也“有意采取了折中的立场”（Cronbach，1989）。既然对效度的理解可以折中，可以以价值观为转移，那么主流观点自然深受欢迎，这种观点为行为解释提供了自由和空间。

总之，通过对行为解释的物理学视角和社会学视角之间的论争，我们发现这两大研究视角在长期的争论中，已经形成了两种主要变量，即与本能相关联的生理机能因素，和与环境经验相关联的社会因素。但是这两种截然不同的观点是无法互相融合的，在尚无定论的情况下只能各自为政。

### 2.2.3 小结

我们通过心理学界对效度研究争议的归纳和总结，指出当前构想效度研究的争议议题，主要体现在效度（尤其是构想效度）的概念界定和构想效度的研究视角等方面，由此体现出构想效度研究在心理测量以及效度研究领域的重要性和艰巨性。我们不得不承认，正因为构想效度地位重要，所以才引起众多研究者的关注和思考；同时因为构想效度研究充满未知的答案，所以才出现了在各个研究角度上的论争，而这也正是构想效度研究的价值所在，也是我们所关注的问题和重心。

具体来看，在构想效度的界定方面，存在的争议多种多样，关于“构想效度究竟是指什么有效”这个议题，如果你去翻看几本不同的教材或论文，就会找到不同的答案。在构想效度的研究视角方面，我们总结了“行为解释采用物理学视角还是社会学视角”的这一问题。这两类研究各自争鸣。随着心理测量学家对心理特质和构想效度思考的深入，这些议题日益凸显出来。所以，构想效度研究的复杂性和艰巨性不言而喻。

## 2.3 本章总结

对于效度理论方面的研究来说，回顾和总结效度概念的发展历程和轨迹是研究的基础；对于效度研究的实践来说，对所欲测量的心理特质做出明确的界定是一切测试工作的出发点。研究效度理论中的任何问题，都需要有明确的思路和研究角度；有关效度理论研究的争论，也将有助于我们从多角度理解效度理论的发展和演变，对效度问题有更深入的思考和探索。本着这样的宗旨，我们在本章集中对效度概念的发展演变以及相关争论做了梳理和简要评述。

我们先从历时的角度梳理了效度概念在不同时期的不同含义，并在前人研究的效度发展链条上，补充了21世纪初的效度概念和研究思路，归纳了新兴的“效度论据理论”观点。在此基础上，我们呈现了效度概念发展图示（见图2），对效度概念进行了细分和归类。通过对效度概念发展演变历程的评述，我们可以清晰地看到，构想效度作为效度研究的核心问题，在1954年正式提出是有其明确的目标的。这个目标就是将心理测量提升到科学的层面，将效度研究上升到理论研究的高度。因此构想效度的研究重点是实现对心理特质这个测量对象的明确界定。然而，在构想效度诞生后的长期研究中，我们发现构想效度研究的科学化、理论化进程困难重重。虽然构想效度力图从理论上探究“测什么”这一科学研究的前提和基础，但是囿于社会需要等其他因素的影响，由实用主义和人文主义共同作用产生的一元化理论，成功地淡化了构想效度研究的本意。至今，一元化效度理论仍然占据效度研究的主导地位，这种主流思想忽略了对构想效度理论层面的科学探究，而关注于社会学方面的发展。可以说，今天以“效度”为中心论题的研究，为了满足社会和人文的需求，严重地忽视了科学理论的建构，导致效度概念和研究呈现出一派似乎繁荣又令人费解的局面，具体来说，一方面丰富多样的效度证据充斥效度研究领域，而另一方面，又会发现一小部分声音在坚决呼吁理论分析的建树，总之该研究领域呈现出各自争鸣的状况。

本章首先对以“效度”命名的传统研究领域的发展演变进行了回顾与总结，而在更为宏观的层面上，效度研究界一直在构想效度的概念界定、研究视角等方面，存在着严重的分歧与争议。具体来看，关于“构想效度究竟是指什么有效”的议题、“行为解释采取何种研究视角”等问题，在一个多世纪的时间里，都是争论的焦点，同样也是研究探索的难点。这些问题至今没有明确的答案。由此，我们也认识到，正因为构想效度地位重要，所以才引起众多研究者的关注和思考；正因为构想效度研究充满未知的答案，所以才出现了在各个研究角度上的论争。我们相信，这些讨论和争议，有助于扩展心理测量以及构想效度研究的视野。总之，效度研究虽然颇具历史，但是构想效度问题仍然尚未真正解决，而且随着时间的推移，在理论研究上呈现各说各话的混乱局面。这个亟待解决的问题，我们相信只有在清晰地梳理和认识之后，才有可能澄清一些观点，批判一些观点，证实一些观点，从而推进构想效度研究的理论进程。

在后面的研究中，我们将对构想效度的产生和本质，以及两位倡导者的研究变化进行深入的评析；我们力图遵从构想效度研究本意，试图从科学测量的角度对构想效度的系列观点进行阐述和评价；效度研究的主流思想当然也不容忽视，我们将以专门章节对占据主导地位的效度理论做出分析和评述，找到这些重要的效度理论家在效度研究方面的贡献，予以肯定，并说明原因；对他们研究上的缺陷和不足之处，进行批判，并分析导致他们产生错误的原因。在尽量公允地评析主要理论观点的基础上，我们将提出本文对构想效度理论的主张，并对效度领域的两大争议做出个人的评判，提出个人的研究主张和倾向。需要说明的是，在效度理论的核心“测什么”的问题尚未明确解决之前，相应的检验方法都会存在缺陷和不足，但是在满足社会需求的背景下，只能找出相对理想的适合应用层面的检验方法。我们通过对效度理论研究的评析，以及对效度检验方法的分析与应用，希望提出更合理的效度理论研究思路，为效度理论研究的科学化提供一点建议。

# 第 3 章

# 构想效度的提出及其本质

1955 年以来，心理测量中最重要的概念就是构想效度（张凯，2004），“构想效度的引进，可以看成是自比奈发明智力测验以来，测验领域中最为显著的变化。”（Rogers，1995：472）然而，这个具有历史意义的效度理论，迄今为止，仍然还有许多尚未梳理和解答的问题。在第二章中，我们已经简要介绍了构想效度的特点，但是这些概要性的内容并不能全面、深入地呈现构想效度理论的要旨。在 20 世纪 50 年代，效度领域已经出现多种效度类型，每一种类型似乎都与特定的目的相关，在几种效度类型并存的情况下，Cronbach 和 Meehl 为什么要提出一种新型的效度理论？这两位倡导者如何提出构想效度这个理论？他们引入了人们陌生的定律网络，其本源是什么？该网络有怎样的优势和缺陷？Cronbach 和 Meehl 是否一直遵循提出构想效度时的初衷？他们的研究倾向在不同时期都是如何表现的，等等，一系列问题都有待于我们在这一章中给出解答和评析。我们将从所掌握的文献资料中尽可能全面、深入地还原当年构想效度提出时的背景，并解答人们对构想效度以及定律网络的相关疑问。

## 3.1 Cronbach 和 Meehl 从纯理论的角度提出构想效度理论

### 3.1.1 重压之下的心理测量

20 世纪 50 年代早期，心理测量研究领域开始面临一系列的批判，批判的内容主要集中在对操作主义的批驳和效度研究方法等方面。这些批判给心理测量以巨大压力，也促使心理学家重新审视当时的效度研究，探寻解决问题的方案。

#### 3.1.1.1　心理测量学对操作主义的误解

针对测验领域中存在的一些操作主义观点，心理学家们予以高度重视，并进行了相关讨论。Israel 和 Goldstein（1944：185）在《心理学评论》中以“心理学中的操作主义”为题，讨论了两点：“第一，操作主义运用到心理测量中时，在科学程序方面走了捷径，操作主义者们省略了界定定义这一程序，而这一点在科学研究中是必不可少的。”也就是说，心理测量对所测的东西没有给出明确的界定。第二，Israel 和 Goldstein 认为 1935 年操作主义被引入到心理学后，心理学家篡改了操作主义的本质：“他们将 Bridgman 最初建立操作主义的目的看作科学方法的一个附件。”心理学家根据实际需要进而修改了这一观点，使得操作主义不仅仅是科学方法的一个附件，“操作主义在心理学中已经形成了一种全新的方法——这种方法被用来取代科学方法，而不是用来完善和提高常用的科学方法。”在这种思路的引导下，心理测量研究不必考虑在科学公式中，观测术语与理论术语之间是否存在一致性规则。一些心理学家把操作主义解释为一种方法，是为了“产生支持某个概念成立的现象，所进行的必要的操作”（Israel & Goldstein，1944：183）。“这里所说的操作主义与 Bridgman 的观点可谓大相径庭。”（Rogers，1995：455）

#### 3.1.1.2　操作主义作为一种方法存在的局限

当时流行的效度概念认为，给一个测验分数赋予意义的唯一方法就是将测验分数与一个标准进行关联，然后运用两者之间的相关程度来推断测验所测东西的本质。这个观点在一定程度上巧妙地解决了“界定测验测到了何种东西”的需求，但是当研究者把一个测验应用到另外的情境中时，问题就会出现了。在没有明确界定测验测到了何种东西的情况下，测验使用者可以根据自己对测验分数意义的理解主观地做出解释，从而保护自己的观点。也就是说，不能明确界定所要测量的构想，就是方便人们以自己想要的方式来解释测验分数，避免出现自己不想要的方式。然而，在看似太平的表面下潜藏的真正问题依然存在，而且这个隐患的暴露无法避免，只是时间问题而已。

#### 3.1.1.3 效度研究中的问题

构想效度提出之前，心理测量面临的第三大质疑和挑战是关于效度的传统定义的问题。Jenkins（1946）强调测验应当与具体的情境相一致，测验应该因为存在很多的情境而具有多种效度，所谓的统一的效度概念将会消失。

另外的一个突出问题就是心理学界对效标关联效度弊端的发现和不满。在上文中我们已经稍作提及，除了上文提到的 Meehl（1945）、Thurstone（1952）的相关表述，Jenkins（1946：93）也发现“对标准进行的效度检验是不严格的”。可见这些学者都认为效度研究中的标准并不令人满意。虽然效标存在不可靠的情况，但是一些学者仍然将一切人为主观认可的条件作为标准来使用，造成了“标准”的繁多与混杂。

#### 3.1.1.4 小结

从上述内容可以看出，研究者们已经发现了心理测量在研究中存在的一个重大缺陷，例如删减了科学研究中的必要步骤——明确界定所测的东西是什么，以及篡改操作主义的本质，将其从一种哲学思想降低为一种分析方法；同时在效度研究的实际操作中也存在诸多误区，诸如效度检验标准不可靠，过多地将效度研究与测验目的相联系等问题。面对种种批判和质疑，心理测量学界必须针对这些缺陷，开发一种新型的效度理论，使效度研究能够摆脱操作主义方法的局限，遵循科学研究的程序，对所测心理特质给出明确的界定，从而解决效度研究中存在的问题。由此可见，构想效度作为一种新型理论的提出，是心理测量领域在重压之下迫在眉睫的任务。

## 3.1.2　构想效度理论的提出及其本质

### 3.1.2.1　构想效度思想由来已久

在构想效度（1954）正式提出之前，虽然各种标准对当时的效标关联效度检验起到了重要作用，但是效标关联效度在其自身的有效性方面可能是没有保障的。针对这个问题，Cureton（1951）在第一版《教育测量》中设想了一种理想的方式，提出了“预测力”“效度”和“相关性”三组概念。为明晰三种相关之间的差异，我们列表如下：

**表 4　Cureton（1951）效度定义**

| 概念 | 相关关系 |
|---|---|
| 预测力 | 原始分[1] VS 一般行为的分数 |
| 效度 | 原始分 VS 真实行为的分数 |
| 相关性 | 真分数 VS 真实行为的分数 |

其中“一般行为的分数”就是当时的“标准”，是指被试外在表现出来的行为所被赋予的值，这个分数包含了比较宽泛的内容，既包括被试最本质的能力表现，也包括了一些外在的附带行为、无关因素等。这一整体的表现被观察到而成为常见的“标准”，例如教师评价等。“真实行为的分数”就是刚才提到的，包含在“一般行为的分数”中的最为本质的行为表现分数，是效度研究中最为核心的部分，但很难与其他因素完全剥离开，是构想效度要探究的东西，即“什么使被试做出这种行为反应”。“真实行为的分数”代表了被试真实水平的分数，这才是研究者心目中理想的“标准”，是对所测特质的最真实测量，这个概念倾向于测验“量”的解释方面，非常接近构想效度。“原始分”就是测验得分，包括了真分数和误差分数。从表 4 中，我们看到“预测力”是原始分与一般行为分数之间的相关关系，显然“预测力”就是我们通常所说的效标关联效度，用原始分与一般行为分数这个标准进行相关分析。“效度”体现了 Cureton 对真正有效而可靠的“标准”的追求，他希望“标准”是反映被试真实水平的分数，而不是掺杂无关因素的一般行为分数。“相

① 根据经典测量理论，原始分由真分数和误差分数两部分组成，即 X=T+E。

关性”则从本质上体现了构想效度的想法，注重测验“质”的解释方面，关注测验所测的东西与真正要测的东西之间的关系。

只是1951年还没有明确的构想效度概念，对于效度的研究还集中在效标关联效度和内容效度方面，Cureton虽然有了关于构想效度的一些思考，也只能间接地以分数相关的形式表达出来。不过他认为在理论上对心理特质的探究是可能实现的，所以做出了一个令人满意的设想，即提出“真实行为的分数”这一概念。正如Cronbach（1990）提到的，对于某些能力和特质理论的认识在很早就已经开始了，只是当时还没有提出“构想效度”这个具体的名称。我们认为Cureton（1951）就试图探求测验背后的构想，其中也就隐含了构想效度的思想。只是由于当时认识水平有限，Cureton的构想效度意识也只是比较浅显的，可贵之处在于他认识到要对所测特质进行“真实”测量，而这个“真实”测量如何做到，Cureton没有进一步阐述，这便是后来出现的构想效度试图解答的问题。

#### 3.1.2.2 构想效度的提出

（1）深受逻辑实证主义的影响

既然心理测量要摒弃操作主义方法带来的不良后果，那么就需要遵从一种与操作主义完全对立的哲学思想，以此来指导心理测量，尤其是效度领域的研究。值得注意的是，20世纪50年代的主流哲学思想是逻辑实证主义，逻辑实证主义的目标是，反对形而上学，建立和演绎逻辑等效的归纳逻辑，并以此统一科学。可以说，逻辑实证主义思想与心理测量中的操作主义是截然对立的，这一哲学思想的主旨恰好符合心理测量探寻新的哲学思想的要求，于是一批心理学家（主要是Cronbach和Meehl）关注到逻辑实证主义，并接受了这一哲学思想。

Cronbach和Meehl作为构想效度的倡导者，了解了逻辑实证主义思想和主张后，在这一哲学流派的启发下，试图将效度研究纳入科学说明的框架中，实现构想效度理论在科学层面的解释和研究。Messick（1989：2）提到：

构想效度的概念在50年代被系统化，当时，在心理学，特别是方法论方面，逻辑实证主义是一种起主导作用的势力。因此，它提供了一个现成的框架，效度观念在这个框架中形成并得以合法化，就是必然的趋势了。

Rogers（1995：461）认为构想效度的提出是与操作主义的彻底决裂：

……关注的焦点是证明一个理论有效。这和原来的操作主义立场是不和谐的，操作主义认为，理论预设完全包含在测量操作之中。而APA这时说，还有点儿什么东西超越了操作主义，他们管这叫“理论”。因此，构想效度意欲取代操作主义观点是无可怀疑的了。……这是和操作主义教条的彻底决裂。

（2）构想效度的标准表述

基于逻辑实证主义的影响，以及对科学研究的尊崇，APA（1954：214）指出：“当测试者对所测属性没有确定的标准时，就应该研究构想效度，并且必须采用间接测量对理论建立效度。”值得注意的是，在上面的表述中，重点集中在对理论建立效度，这一点与早期的观点大不相同，因为之前的操作主义观点认为理论假设是包含在操作当中的。而APA（1954：214）的建议强调的是理论比操作主义更为重要。于是构想效度的标准表述就出现了：

对构想效度的评价，要通过对测验所测心理属性的研究来进行，即，这种研究表明，某些解释性构想在某种程度上解释了测验表现。检验构想效度需要从逻辑和经验两方面入手。构想效度研究，本质上是证明测验背后的理论有效。

可见，APA（1954）以及Cronbach 和 Meehl（1955）这两位构想效度的倡导者的想法是一致的，就是“把心理测量纳入正规科学的轨道"（张凯，2004）。证明一个构想有效，需要在逻辑上实现合理的推理，例如得到定律作为推理的证据。同时还要在经验上得以检验。这两个方面是不可缺少的，也正是目前构想效度研究所欠缺的。

3.1.2.3　构想效度的本质——证明理论有效

构想效度作为一个效度概念被正式提出，强调其主要目的是"证明理论的有效性"。Cronbach 和 Meehl（1955）从纯理论的角度对构想效度所做的详细阐述表明构想效度与测验理论中的其他效度类型（如内容效度、预测效度、效标关联效度等）是不同的。它不仅指测验的性质，而且也指理论假设是否得到了经验数据的证明。因此，"构想效度既和观察层面有关，也和理论层面有关"（张凯，1998：106）。

在明确构想效度的本质是证明理论有效的同时，我们还发现，构想效度的一个首要任务就是对所测属性进行明确的界定。这一点从 APA 1954 年发表的《心理测验和诊断技术的技术推荐》一书中便可证明，构想效度研究与测量对象有着紧密的联系：

> 当测验者所测属性没有明确的标准测度（criterion measure）[①]，而必须用间接的测度去证明理论有效时，一般就需要进行构想效度研究。（APA，1954：214；转引自张凯，2004）

从 APA（1954）的表述可以看出，当时的心理学家在面临来自各方压力的同时，已经开始关注测量对象的问题，即心理测验究竟测了什么的问题。其中"明确的标准测度"就是指可以直接观察和操作的直接测量对象，"间接的测度"就是测量直接操作的测度，但它不是想测的测度。由于心理属性无法直接观察和操作，所以只能通过间接的方式进行测量。因此，1954 年 APA 对构想效度概念的最早阐释在更深的层面强调了明确测量对象问题的重要性，这一点也是科学研究的必不可少的程序之一，因此对心理特质做出明确界定这项任务不可忽视也无法回

① 测度即测量对象，下同。

避，这一现状也体现了构想效度研究的重要性。

一个新的效度理论的提出，需要有相关论著对其加以详细介绍和推广。Cronbach 和 Meehl（1955：181）对构想效度理论进行了扩展和详述，他们在论述这个概念时指出："几乎任何测验都需要知道究竟有哪些心理构想能说明测验的表现。"

在这里，Cronbach 和 Meehl 也隐含了测量对象的问题，探究"哪些心理构想"，实质就是考虑测量对象的具体表述，可以说，构想效度理论非常关注测量对象的确定问题，构想效度理论抓住了科学测量所要具备的第一要素——测量对象。但是，测量对象这个将构想效度与科学测量关联起来的关键词，只在 1954 年的《标准》中简单出现，隐含在 1955 年 Cronbach 和 Meehl 的文章中，如此表述，使得这个关键词不容易被其他研究者和读者注意到，我们在此将隐含在背后的测量对象问题明朗化，试图说明，构想效度的证明过程就是在心理测量中实现科学测量，从而有效地证明理论成立的过程。因为科学测量是理论证明不可缺少的一部分。接下来具体到科学测量的实现问题，第一步就是对测量对象（心理特质）做出明确的界定，这一步骤的缺失是心理测量以及效度研究的重大缺失，也是心理测量学家受到批判的重要缘由。

随后，Cronbach（1964：104—105）对构想效度的本质又做出了更为详细的说明：

> 对理论概念的解释建立效度的过程就叫作构想效度检验。为了显示一个特定的构想应用到了一个测验当中，有必要从与构想相关联的理论中提出针对测验行为的假说，并且用实验来证实这些假说。

同时，Cronbach（1964：121）还具体列出了实现构想效度检验的三大步骤，分别为：

> （1）提出用什么构想解释测验表现。这是基于观察或测验逻辑研究的一种设想行为。

（2）从围绕构想的理论中推导出可检验的假说。这是一种纯粹的逻辑操作。

（3）实施经验的研究来验证这个假说。

从上述 Cronbach 的论述中可以看出，Cronbach 作为构想效度的开创者之一，试图遵循科学理论的建立规则，首先根据观察或逻辑分析提出一个与可见实体有关的研究构想，这个构想理论是有待检验和确立的；然后，根据构想提出可操作的假说；最后利用实际操作和经验数据来检验假说，从而实现对构想理论的证明和确立。

Cronbach 的这一研究思路是正确的。通常情况下，证明一个理论有效，首先需要根据之前的观察和经验提出一个研究假设，然后对假设进行检验，最终经过严密复杂的分析得出结论，证明一个理论有效与否。下图是马丁·霍利斯（2009：44）简单描绘的一个“观察和演绎”的推理过程：

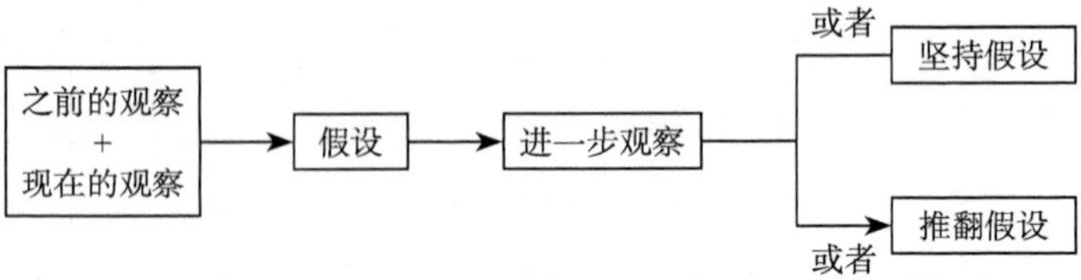


**图 3 “观察和演绎”的推理过程**

根据上图的示例，可以明确 Cronbach 和 Meehl 在 20 世纪 50 年代提出构想效度理论及其实现方法时，受到了科学哲学相关知识的启发和影响，尤其是两人引入定律网络模型（下文将专门论述）来检验构想效度的思路，更加体现了科学哲学思想的影响。可以说，Cronbach 和 Meehl 关注构想，认识到构想的重要性，并且尝试从定律网络中间接证明构想，这一研究思路正如 Cronbach 所说：“构想效度理论，是按科学哲学的正规方式表述的。”（转引自 Messick，1989）

3.1.2.4　小结

1954 年，在逻辑实证主义的影响下，心理测量学界提出构想效度理论，旨在关注对所测对象的明确界定，并排除操作主义方法的不良作用，从科学研究的角度，对心理特质进行科学测量，从而实现对构想理论的证明。可以说，构想效度标志着测验“和历史传统与实用传统彻底决裂”（Rogers，1995：472），构想效度的本质就是证明关于心理构想的理论有效。

因此，我们认为构想效度理论的提出，是心理测量学界针对质疑做出的回应和举措，具体来看：首先，针对学者就心理学篡改操作主义的本意，将操作主义由哲学思想降低为分析方法的批判，构想效度概念应运而生，表明心理测量研究领域试图摆脱操作主义方法的影响，代之以接受逻辑实证主义思想的指导，从演绎推理的框架中实现对构想理论的证明。

其次，在效度研究的实际应用方面，针对效度“标准”的不可靠问题，Cronbach 和 Meehl（1955：285）强调，效度检验中人为设定的标准，往往是易错的。两人呼吁“我们应该放下自足的心态，采用合理而成熟的方式（做出判断）”。Cronbach 和 Meehl（1955：290）在对效标制定的主观性予以批判的同时，在其论述中也含蓄地表达了对心目中理想标准的要求。他们列举了水银温度计的例子，指出利用水银柱的高低变化来测量温度，看似没有任何表面效度，测量过程却完全符合科学测量的要求：

> 水银柱的高低变化作为温度的指标，看起来毫无表面效度，但是它显示出：（a）在水银柱的变化和温度之间存在一种统计关联；（b）观察者使用的水银观测法得到了很好的内部观察一致性；（c）通过使用温度计增加了观察所得关联的规律性；（d）最终，包含非观察的微观事件的一种理论框架，即动力学理论，被用来解释水银柱的变化与温度之间的关联关系。

结合上述例子，两人还强调：“一个可接受的心理学构想必须是行为关联的（behavior-relevant），因为对于大多数的测验来说，并不存在关于所测构想的恰当的标准。”（Cronbach & Meehl，1955：292）

通过 Cronbach 和 Meehl 对水银温度计测量温度的肯定，以及呼吁采用“合理而成熟的方式”设定效度标准，可以判断两位心理学家认识到所要测量的心理特质和温度一样，都是看不见、摸不着的属性，但是它们都能被人类感知。如果抱着自足的心态，仅仅依赖人的主观感觉设定测量标准，那么对心理特质和温度的测量都将是粗略的和不准确的。但是 Cronbach 和 Meehl 在肯定温度测量的同时，并没有深入地阐述心理测量该如何具体操作，如何参照他们所认同的温度测量的程序和方法，我们认为这是两人论述中的欠缺，或者也是他们思考中的盲点。针对这一关键问题，我们将在下文做专门评述。

总之，构想效度的产生意义重大，但是“构想效度的证明过程极为艰巨繁复”（Clark，1959：100）。要想深入、准确地了解构想效度理论及其检验过程，首先需要对这个理论的关键词及其本质有所认识，并且是准确的认识和深入的理解。

### 3.1.3 构想效度中的关键词——“构想”的含义与本质

研究构想效度，其中的关键词——“构想”的含义与本质是必须考察和掌握的。张凯（2004：9）曾介绍了构想在科学理论研究中的地位和作用：

> 科学概念或构想是科学理论的组成部分，而科学活动的主要形式就是对构想（所指的对象）进行测量，并在不同构想的测量之间找出函数关系（Nunnally & Bernstein，1994：85），这种函数关系就是公式，就是科学定律。

根据张凯的阐述，构想不仅是构想效度研究的关键词，也是科学理论的组成部分。可见正确理解构想的含义和本质，是实施构想效度研究的关键一步。

#### 3.1.3.1　“构想”一词在心理学中的提出

（1）构想的前身——Meehl 对“假说性构想”的界定

心理测量中所欲测量的心理属性尚未可知，研究者们对这个问题的思考从未终止过。早在 1948 年，MacCorquodale 和 Meehl 发表了一篇重要的文章，他们在文中强调要区分“假说性构想”和“介入变量”之间的不同，因为这两个概念从数据中抽象出来的程度有所不同：

> 具体来说，假说性构想和介入变量的逻辑地位是不同的。假说性构想包含了对一个实体、过程或事件这类不能被观察到的事物的假设，而介入变量则不必包含这种假设，我们可以直接观察到它。（MacCorquodale & Meehl，1948：95—96）

可见，“构想”一词早已在心理学中存在，Meehl 和 MacCorquodale 早在 1948 年便明确了假说性构想的特征，也就是说，假说性构想强调实体的存在，而介入变量则不涉及实体问题，仅仅是一个量。作为构想效度的倡导者之一，Meehl 在 1948 年对假说性构想的界定，就体现了他对于构想的实体性的关注。

（2）构想的正式提出

“构想”一词的正式提出，是在 1954 年 APA 标准中与构想效度一同呈现出来的。紧接着，作为构想效度的倡导者，Cronbach 和 Meehl（1955：183）定义一个构想为：

> 构想，就是人所具有的某些假设的属性，我们假设它会在测验表现中反映出来。在检验测验效度的过程中，在解释一个测验时，我们关于某个属性做出一些陈述，这个属性就是构想。

不仅如此，Cronbach（1955、1960）明确表示“构想是一个理论概念”。Cronbach（1984：133）进一步解释道：

构想一词来源于（construe），就是“解释、分析、直译”的意思。一个构想就是一个对所观察的东西进行分析和组织的过程。一个理论就建立在构想的基础上，每一个构想都用来描述一个范畴，例如事件、课题、情况等。

1990 年，Cronbach 再次解释了构想的含义：

construct 来源于 construe，前者的一个意思是“思维的产物”，而后者的意思是“解释”。因此，一个结构就是以一种方式对观察到的东西进行解释——即把观察到的东西组织起来。（转引自张凯，1998）

我们认为，关于构想，张凯（1998）的理解是比较到位的：

在 Cronbach 那里，结构[①]不等于心理特质。心理特质是客观实在，不是人创造的。结构与概念、观念、理论是近义词，是人创造的。正如波普尔（1956）所说，“理论是我们自己的发明物，是我们自己的观念……是我们自己创造的思想工具。”

因此，构想是有待证实的有关某个实体的假设的概念，是不可直接观察的，只能间接测量。同时，构想是理论的重要组成部分，科学研究可以说是先提出了构想，然后再形成一个理论，理论是建立在构想基础之上的，这一关系也体现了构想的重要性。构想的实例包括特质、态度以及任何不能简单地“操作性定义”的性质（Garber & Strassberg, 1991：220）。在心理学中，像“焦虑”“能力”等概念都是“结构”；在语言测验领域，“语言能力”“交际能力”“熟巧程度”也都是“结构”。（张凯，2002）

（3）构想的本质与意义

至此，通过有关“构想”一词的相关文献表述，我们可以大致总结

① 结构即构想，下同。

出构想是在心理学对人的属性无法直接测量的基础上，借鉴科学理论的相关概念而提出的，是心理学中假设出的人的属性，只能通过间接测量实现对人的某些属性，例如语言能力、智力能力等特质的测量：

> 按照实证主义者和Cronbach的想法，人根据一定的经验证据，提出一个结构（即理论），然后到观察层面获得更多的经验证据以支持这个结构，而这个结构则可以对客观世界做出合逻辑的推断和正确的预言，于是客观世界被纳入这个结构，整个科学得以合理地重建。（张凯，1998）

现实生活中，我们通常所说的语言能力、智力能力都是一些构想，它们看不见、摸不到，但是我们能够感觉到它们的存在，体会到不同人群在这些构想方面的差异，它们都与一些表现实体相关联着，但是它们同样未经证实，是我们根据经验观察抽象出来的一个构想概念，我们需要从观察层面获取证据，来证明这个构想的存在，从而做出合理的解释。例如在相同的学习时间里，二语学习者因为各自的语言能力不同，导致其第二语言的水平各不相同；智力水平不同的儿童在学习新事物、回答问题的反应方面存在差异等。这些现象表明，心理学中提出的构想都是与人的一些行为相关联的（behavior relevant）。

总之，构想是根据经验观察，对某些无法直接测量的特质所做出的一个假设，是人为主观创造出来的，有待于搜集证据证实它的存在。“构想”一词对于心理学来说相对陌生，但是在科学研究领域，早已是非常重要的一个部分。

#### 3.1.3.2　科学理论中的“构想”

在本节的开端，我们就强调“构想不仅是构想效度研究的关键词，也是科学理论的组成部分”，为全面了解构想的含义，我们还可以从科学理论的角度掌握构想的相关含义。

既然科学理论与构想有着密切的联系，那么“构想”这个关键词同样需要加以界定和明确。所谓构想，就是假设的概念（Crocker &

Algina，1986：4）。根据张凯（2004）的分析：

> 构想和概念都是用来指称事物的性质或属性的，但是概念所指的属性或性质往往是已经证实了的，如长度；而构想所指的属性或性质是假设的，目前我们尚不能完全把握它，尚不能准确地测量它，如“爱”。随着科学的进步，一些假设的构想最终会变成确定的概念，如电阻、温度等。

Murphy 等（2004：163）对构想也进行了较为详细的阐释：

> 所有的构想都有两个本质属性：它们是对自然界中一些有规律的事物的抽象总结，并且它们都与具体事物或可观测实体存在关联。

Murphy 等（2004）认为万有引力就是关于构想的一个很好的例子。在这个例子中，我们能够直接观察到的具体事物就是苹果从树上落向地面。根据这个现象，牛顿提出了“万有引力”构想，他认为万有引力可以用来解释和预测苹果的行为变化。当然，我们不可能看到万有引力本身，这只是一个构想，但是科学家们能看到苹果下落，并且将万有引力的构想与苹果下落这一具体事实关联起来。经过反复地研究和证明，最终找到了万有引力与物体下落的定律关联，这种成功地测量到万有引力，以及将万有引力构想发展成为理论的过程可以说是测量的一个经典范例。

由此可见，构想对于科学研究来说是十分必要的。构想代表了我们从即时的感觉经验中脱离出来，试图形成科学定律来解释和预测各种现象（Margenau，1950）。构想可以从一个可见的观测实物中抽象出来，例如下落的苹果或其他各种下落的物体。一个构想，例如万有引力就与大量的具体事物或客体存在关联。一旦我们证明了万有引力理论的成立，就可以预测和解释大量的类似现象。

至此，我们可以明确，尽管构想是一种假设性的抽象概念，但绝大多数的构想都与实际存在的、可观测事物或事件存在关联。具体到心理学领域，一些心理构想，例如语言能力、智力能力等被认为是在表现一些相关行为时具有的能力。我们通过观察人的语言表现和智力表现，抽象出与之相关联的语言能力构想和智力能力构想。但是这些构想还是尚未证实的假设概念，需要遵循科学的方法对构想进行科学测量和检验。正如张凯（2004）所说：

> 我们必须先有一个构想，但在理论得到证明之前，构想是否有效不得而知。因为构想所指的属性或性质是不可直接观察的，只有当这个假设的、不可直接观察的属性与某些可观察的属性构成一种特定关系时，也就是构想和确定的概念的关系可以纳入一条（用数学表达的）定律时，构想才是有效的。

#### 3.1.3.3　小结

根据上文的阐述，构想效度的本质是证明理论有效，构想效度中的关键词——“构想”，则是科学理论中不可缺少的一部分：

> 成熟的科学理论通常具有由概念、原理、定律等按照逻辑关系组成的演绎结构，其核心是科学定律。这种结构通过建立理论概念和可观察量之间的对应关系而与经验事实相联系。……科学家在表述科学理论时总是力求达到符号化和形式化，使之成为严密的公理化体系。（孙小礼，1987：409）

结合上述内容，我们认为科学理论的成立，需要对构想（尚未得到证实的事物属性或性质）进行测量，并得到构想与可观测变量之间的数量关系，即定律，这一实现过程是证明科学理论的必经之路。

可见，构想效度的本质就是通过对假设构想的间接测量，找到构想与直接测量实体之间的定律关联，搜集到相关证据来证明测验测到了所要测的构想，完成对构想的科学解释，实现对构想理论的证明。根据张凯（2004）所述，在理论的证明过程中，构想、测量、定律三者缺一不可，必须同时有效。构想效度的证明过程，同样也离不开心理构想、科学测量以及相关定律这三大要素。因此我们也更加能够理解 Cronbach（1960）所说的话："一个理论是建立在构想的基础上的。"所以，对"构想"这个核心概念的正确理解是我们分析评价构想效度理论的重要基础。

### 3.1.4 总结

效度研究历史悠久，但存在的问题也不容小视。早在二十世纪四五十年代，已经有学者指出了心理测量以及效度研究中所存在的问题，归纳起来，主要体现在对操作主义的批判以及对效度研究方法的不满。效度研究者认为，心理测量篡改了操作主义的本质含义，将操作主义哲学思想当作一种具体的分析方法，以利于在对所测心理特质缺乏明确定义的情况下，通过操作性定义来方便个人对测验的解释，从而实现各说各话，各自有理的局面；在效度的具体检验中，常用的效度"标准"本身的有效性和可靠性尚不可知，所以出现了连研究者都不能确定"标准"是否是真正的"标准"的情况。面对种种批判和质疑，心理测量学界必须针对这些缺陷，开发一种新型的效度来弥补上述欠缺，回答诸多质疑，缓解所承受的巨大压力。我们认为，关于"为什么要提出构想效度理论"这个问题，在本章的背景介绍部分中给出了答案。

由此，构想效度应该是对缺陷的修正和改进，可以认为，构想效度较之前的效度类型必定是一个创新和颠覆。那么"如何提出构想效度"则成为下一个需要关注和回答的问题。通过相关的文献记录和其他学者的研究阐述，我们可以确定构想效度的提出是受到逻辑实证主义的影响的，逻辑实证主义哲学思想强调逻辑归纳的研究过程，并注重定律的核心作用，这一主张与操作主义方法形成鲜明对立，自然受到构想效度倡导者 Cronbach 和 Meehl 的赞赏，可以说，构想效度是在"摒弃操作主义方法、接受逻辑实证主义思想"的过程中提出和形成的。因此，构想效度被认为是标志着测验"和历史传统与实用传统彻底的决裂"的一个标记（Rogers，1995：472）。Cronbach 和 Meehl（1955：300）强调了构想效度以及定律网络的重要意义：

> 如果我们没有将构想效度与其他三类效度类型（内容、预测和共时效度）相比较，就不会发现构想效度在心理测量中提出的重要性。构想效度具备的原理、合理性以及存在的风险，都清晰地呈现出来。可以说，心理测量中需要进行构想效度检验，以及对构想的“可操作的”方法论，如果这个目标能够实现，效度研究将更加科学、规范。

关于构想效度的本质，根据 APA（1954）的界定以及 Cronbach 和 Meehl（1955）的论述，我们可以明确构想效度的本质就是证明关于心理构想的理论有效。构想效度概念中的关键词“构想”，是根据经验观察，对某些无法直接测量的特质所做出的一个假设，有待于搜集证据证实它的存在。既然构想效度是证明理论的有效性，构想是科学理论不可或缺的一部分，根据科学理论成立的条件和相关要素，我们需要进一步明确的是，构想效度研究就是通过对假设构想的间接测量，找到构想与直接测量实体之间的定律关联，搜集到相关证据来证明测验测到了所要测的构想，完成对构想的科学解释，从而实现对构想理论的证明。

在回顾和总结了构想效度产生的缘由、提出的依据以及构想效度的本质后，需要探究的是构想效度将如何在逻辑实证主义思想的引导下，开展对心理构想的测量和证明。在本章的第二大部分将详细阐述此项内容。

## 3.2　Cronbach 和 Meehl 试图提升心理测量的理论高度

我们一直介绍说，构想效度理论的提出，受到了 20 世纪 50 年代逻辑实证主义的影响，当时处于逻辑实证主义盛行的科学哲学背景下，Cronbach 和 Meehl 作为构想效度理论的开创者，在提出构想效度理论的同时，希望按照逻辑实证主义的思想使心理测量学获得一定的理论高度。

逻辑实证主义的科学哲学目标是要在语言哲学和现代逻辑所构筑的思想平台上，为科学知识建立一个客观的基础，制定出探求科学知识的标准方法论（刘高岑、郭贵春，2006），使人们能够牢靠地获得那种超越任何特定主体，而又为一切人类主体必须承认的客观性知识。逻辑实证主义科学哲学的根本特征，是把经验科学方法改造成规范的逻辑方法，把经验科学改造为逻辑构造系统，以及由理想化的形式语言构成的逻辑推理系统，试图从若干记录直接所赋予的观察语词中构造出整个科学系统。

逻辑实证主义后期的代表人物是亨佩尔（Hempel，C. G.）。关于科学说明问题，亨佩尔提出了“演绎—定律模型”（deductive-nomological model，简称 D-N 模型）。由于 D-N 模型中的定律只包括那些严格的普遍有效的定律，但科学中的许多定律并不是严格普遍性的定律，而是概率性的；而且，许多现象我们实际上无法运用严格的普遍定律做出解释。于是亨佩尔又补充了对统计性事件或统计规则性的说明，提出了以统计定律为前提的“演绎—统计模型”（deductive-statistical model，简称 D-S 模型）和“归纳—统计模型”（inductive-statistical model，简称 I-S 模型）。他认为这三种模型代表了科学说明的基本逻辑结构。

Cronbach 和 Meehl 结合这两个以统计定律为前提的模型的特点提出了一种对心理构想的科学解释框架，叫作定律网络（nomological network）。可以说，这两位学者试图从科学哲学的角度开展对构想效度的研究。

那么逻辑实证主义思想以及亨佩尔的模型又是如何起作用的呢？我们首先要了解 Cronbach 和 Meehl 这两位构想效度倡导者的想法和初衷。

### 3.2.1 建构定律网络的初衷

根据上文的阐述和铺垫，我们已经清晰地认识到，构想效度在证明理论有效的过程中，必须将提出的心理构想（假设的概念，不可直接观测）与可观测现象相关联，根据科学理论的要求，必须找到二者之间的定律关系，才能实现对心理构想的测量，从而达到证明构想理论成立的目的。具体到实际操作方面，Cronbach 和 Meehl 清楚地认识到需要通过间接测量[①]的实现方式，从可观察的现象中推导出不可观察的心理构想。为了证明这种推导是有效的，首先要证明可观察的变量是存在的，如果这一点已经有定律可以证明，那么在此基础上，最为重要的是需要找到一个途径，涉及不可观察的心理构想，建立其关于心理构想的定律。为了证明这一类定律的有效性，则需要通过已经证明有效的定律来推导这类定律的有效性。可见，这是一个复杂交错的网络框架，也就是后来提出的定律网络的雏形。

正在两人为其研究设想寻求理论依托和借鉴时，当时盛行的逻辑实证主义思想给他们以极大的鼓舞和帮助。因为亨佩尔等开创的"演绎—定律模型"中多数定律都是已经证明有效的，所以如果一个未经证明的定律可以放进一个定律网络，网络中已经得到证明的那些定律可以使这个定律得到证明。Cronbach 和 Meehl 的构想效度研究设想似乎可以从亨佩尔的模型中得到实施和解答。由此可以在没有效标的情况下，从定律网络中推导出可靠的标准，实现对心理构想的间接测量。Cronbach 和 Meehl（1955）引入定律网络（the nomological net）的概念时，曾解释这一想法受到了亨佩尔（1952）等人的观点的影响和启发。所以，"对构想效度产生了直接影响的是亨佩尔"（张凯，1998：105）。

### 3.2.2　定律网络的原型

当定律网络作为一项重要内容，与构想效度理论一同被引入心理测量领域时，心理测量学界对定律网络以及亨佩尔模型并不了解，甚至非常陌生。绝大多数学者对这个新鲜议题持否定和批判的态度，用 Cronbach（1989）的话说，"很多人被这个哲学原理搞懵了"（转引自张凯，1998）。可见，要想准确理解 Cronbach 和 Meehl（1955）提出的定律网络，必须找到其原型，从亨佩尔的模型中得到线索和答案。

要探寻定律网络的出处和本意，就需要对亨佩尔的文章有所了解。

---

① 间接测量要求测量与被测物理量有确定函数关系的量，通过函数关系表达式运算，得到所需的被测物理量。

可以说，亨佩尔和奥本海默（1948）合写的名为《解释的逻辑研究》的文章开创了科学解释的“演绎—定律模型”（deductive-nomological model of scientific explanation，缩写为 D-N），随后亨佩尔在（1966）出版的《自然科学的哲学》一书中，再次阐述了 D-N 模型的意义和作用，D-N 模型是亨佩尔在科学哲学领域的主要创见之一。这个模型可以用下图来概括：

| | | | |
|---|---|---|---|
| （D−N） | 前提 | $L_1$，$L_2$，$L_3$……，$L_r$ | 解释句 |
| | | $C_1$，$C_2$，$C_3$……，$C_k$ | |
| | 结论 | E | 被解释句 |

**图 4　演绎—定律模型**

这是一个演绎推理体系，E 是表达被解释句的语句，构成了这个推理的结论；推理的前提由两部分组成，表达一般定律的 $L_1$，$L_2$，$L_3$……，$L_r$，和表达特殊事实或条件的 $C_1$，$C_2$，$C_3$……，$C_k$。这个模型有两个基本特点：第一，被解释句和解释句之间的关系是推理关系，更具体地说，是演绎关系；第二，在这个模型中，定律占据核心地位。这个模型认为，没有科学定律，就没有科学说明。D-N 模型中的被解释句可以是个别现象或事实，也可以是概括现象的某种规律性的经验定律（转引自亨佩尔，2006）。

可见，“演绎—定律模型”的本质是以推理关系为前提，以定律为核心的框架，从已知的解释句推知被解释句，需要推理演绎的过程，其中，形成定律是不可缺少的，只有科学定律才能实现科学说明。

所以，当时的亨佩尔坚持科学哲学中的逻辑实证主义，试图利用 D-N 模型及其补充模型将不可观察的构想与可观察的现象关联起来，间接地对不可观察的构想进行经验证实。而这一思想正是构想效度理论研究所需要的，于是也被 Cronbach 和 Meehl 关注和借鉴。

### 3.2.3　定律网络的含义

通过这些文献，我们可以确认，Cronbach 和 Meehl（1955）提出的定律网络来自于亨佩尔的 D-N 模型及其补充模型，不仅是因为两个术语“the nomological net”和“deductive-nomological model”共同拥有一个中心词汇，即“nomological”，更主要的是两个模型的意义是基本一致的。

亨佩尔的三大模型对于没有太多科学哲学知识背景的读者来说，理解起来是有困难的。Messick（1989：23）对亨佩尔（1952）的表述有助于我们理解定律网络和构想效度研究：

> 按照亨佩尔的观点，整个系统浮在观察层面之上，而又靠转译规则与其相连。这可以看作是一些纽带，它们虽然不是网络的一部分，但却使网络上的某些点与观察层面的特定部位相连接。由于可通过这些联系进行转译，则这个网络可起到一种科学理论的作用：从某些观察数据，通过一条转译纽带，我们可以上升到理论网络的某一点，通过另外一条转译纽带，我们可以再回到观察层面。

上述这段话较之前的理论阐述更为直观地说明了 D-N 模型的含义。我们发现，William（2006）的图示也形象地表达了这一观点：

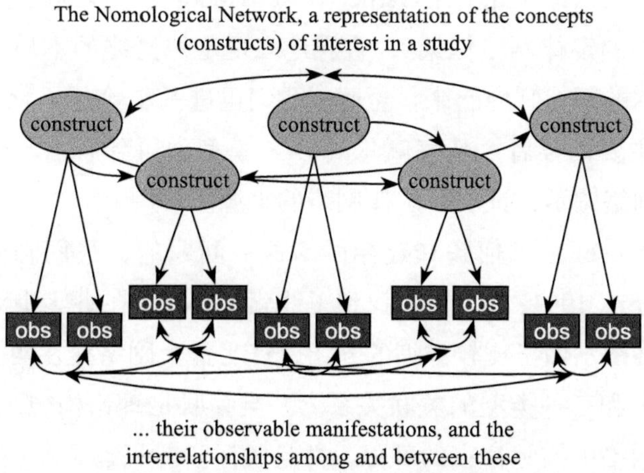


图 5 William（2006）定律网络图示

William（2006）认为，定律网络中的“nomological”一词来源于

希腊语，这个词的意思是定律的“lawful”。图示中的连线代表了定律，这些定律有可能是可观测物之间的关联，或者是理论构想之间的关联，也可能是理论构想与观测物之间的关联。可以说，William 的这一图示和说明是忠于 Cronbach 和 Meehl 引入定律网络时的本意的。

值得说明的是，我们在 Meehl 讲座时使用的定律网络框架图中，也看到了类似的内容：

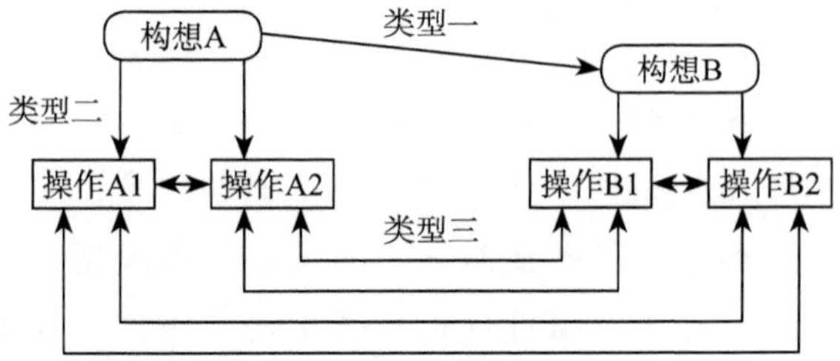


**图 6　Meehl 讲座用的定律网络框架**

上图来自于 Garber 和 Strassberg（1991：222）的文献。这两位学者引用了 Meehl 的定律网络框架，并解释说“Meehl 多次在研究生讨论课中提及这个框架，但是没有在 1955 年的文章中明确地描绘出来”。鉴于目前搜集到的 Meehl 公开发表的论著中，我们没有见到 Meehl 绘制的定律网络图示，在此引用 Garber 和 Strassberg 文中提到的这个“Meehl 讲座时惯用的定律网络框架”，直观地表现定律网络的本质含义，同时也与亨佩尔的阐述呼应起来。至此，我们也进一步验证了 Meehl 作为定律网络的主要倡导者，从亨佩尔的 D-N 模型中得到启示，提出定律网络并绘制网络图示，证明了定律网络的来源。

至于 Meehl 是如何解释定律网络这一问题的，我们同样从 Garber 和 Strassberg（1991：222）中找到了线索：Meehl 在讲座中对绘制的这个定律网络图示做了比较详细的介绍，认为这个网络存在两类变量（构想和操作）和三种类型的关联关系。一类关联是理论构想之间的关联。这是定律网络中实际存在的部分，并且关注于对兴趣（A）的构想如何与另一个构想（B）相关联。二类关联是理论构想与构想操作之间的关联。这里我们关注于如何实际地界定和测量实体。根据大多数的界定，我们对心理构想都没有一个标准的测量，因此有必要使用多种测量方法使潜在的构想或兴趣特质能够得到最大化的体现。三类关联关注于定律网络中不同构想的操作之间的关联。从以上的说明中，我们可以看出，图示中的三种关系类型代表了 Garber 和 Strassberg 所强调的定律规则，也体现了 Meehl 作为引入定律网络的主要倡导者的想法。

以上Meehl对定律网络的图示和解释，与Cronbach和Meehl（1955：290—291）对定律网络的六大规则的规定是基本一致的：

> 一、把包含一个理论的互相关联的定律体系叫作定律网络。二、定律网络中的定律有可能是（a）观测变量之间的关联；或者是（b）理论构想与可观测变量之间的关联；或者是（c）不同的理论构想之间的关联。这些“定律”可能是统计性的或者确定性的。三、一个构想在科学上可接受的一个必要条件是它发生在一个定律网络中，至少一些有关它的定律是可观测的。四、更多地了解一个理论构想是详细阐述定律网络的一种方法。五、充实网络的内容以便及时调整和削减一些无关的定律。六、如果几个构想在定律网络中的位置与其他构想变量连在一起，我们可以说定性“操作”与“测量了相同的东西”是非常不同的。

根据Meehl多次使用的定律网络图示以及Cronbach和Meehl（1955）罗列的六条规则，我们可以明确，定律网络是一个定律体系，各种观测变量和理论构想都是由定律关联起来的，定律是这个网络的核心部分；一个构想要得到科学说明，必须由可观测的定律[①]推导演绎而得。或者说，“要证明一个结构，就一定得有一个围绕着概念的定律网络”（张凯，1998）。这些要求可以说与D-N模型基本一致，Cronbach和Meehl提出的定律网络也是基于推导演绎体系的，是注重定律实现的网络。

① 至少是一部分可观测的定律。

### 3.2.4 定律网络的本质

#### 3.2.4.1 定律网络在逻辑推断上符合科学解释的要求

可以说，Cronbach 和 Meehl 在考虑构想效度的逻辑和实现问题上，是经过了深思熟虑和多方求证的，在二人引进的定律网络中，对心理构想建立的相关定律的有效性，需要通过定律网络中与其他已知有效的定律相关联后才可证明有效，进而间接证明心理构想的有效性。在这个网络中，定律是核心，观测变量对心理构想的推导是通过定律实现的，例如假设有关心理构想的相关定律为 y=x/z，其中 x 表示观测变量，z 表示心理构想。根据设想，x 已经由定律证明是有效的存在，定律 y 被证明是有效的，那么定律中的 z，即心理构想自然就是有效的了。因此，定律网络在逻辑推断上是没有问题的，符合科学解释的要求。

正如 Murphy 等（2004：164）所说的那样：

> 构想解释过程的最终结果就是对一系列构想和行为之间的关联的详细描述。这个关联体系，如同一个定律网络（Cronbach & Meehl，1955），为我们所欲测量的构想提供了一个界定。我们对定律网络的描述越详细，对构想的描述就会越准确。

#### 3.2.4.2 定律网络是归纳逻辑的体现

Cronbach 和 Meehl（1955）在建构定律网络时，对关键词“定律”的界定为：“这些‘定律’可能是统计性的或者确定性的。”也就是说，定律网络融合了亨佩尔提出的三大模型，其中的定律包含严格的普遍性定律和统计规律。的确，如果仅仅将定律局限于确定性规律，其实现的困难将非常大。

关于定律网络中包含的两大类模型，即以确定性定律为前提的“演绎—定律模型”，和以统计定律为前提的“演绎—统计模型”“归纳—统计模型”，有学者认为，定律网络的本质与其模型之间存在矛盾：一方面希望把科学解释处理为一种与主体的理解无关的外在的逻辑关系，另一方面在模型设置上存在的D-S模型和I-S模型是基于主体的置信度的。这些问题被认为是定律网络的先天缺陷。其实，这样的评价未免言过其实。亨佩尔创建三种模型的基本思路是归纳逻辑的思想，但是归纳总是不完备的，只要出现一个反例，归纳结果就宣告失败。例如在17世纪发现澳大利亚黑天鹅之前，欧洲人认为天鹅都是白色的，但是随着第一只黑天鹅的出现，这个不可动摇的信念崩溃了。"黑天鹅"事件是指难以预测、不同寻常的事件。因此我们根据经验观察，会归纳出一个结论，然而一旦出现一个反例，之前的归纳总结就被推翻了。因此，针对归纳逻辑的这一漏洞，亨佩尔在确定性定律模型的基础上，补充了两个统计定律的模型，指出如事件出现的概率在90%（可以有不同的标准）以上即可认为该事件成立。可以说，这是亨佩尔对归纳逻辑研究的补救和完善。因此，我们认为，定律网络模型是逻辑实证主义思想的产物，其包含的确定性定律和统计性定律并不冲突，它们的共同作用就是实现对不可直接观察理论的证明。

逻辑实证主义架构的科学解释理论是要构造科学解释的图式逻辑。定律网络作为一种分析方法，被Cronbach和Meehl引入到构想效度研究中，它的理想是通过逻辑演绎的方式，建立严密的规则系统来解释某种心理现象。

### 3.2.5　小结

在20世纪50年代逻辑实证主义的影响下，心理测量学家希望按照逻辑实证主义的思想使心理测量学获得一定的理论高度，于是采取了一个重大举措，就是提出了构想效度理论和定律网络。定律网络被用来检验构想效度的存在，也就是证明构想理论的有效性。因此，这个过程必须涉及理论证明的问题。

根据科学理论的要求，构想、测量和定律是不可缺少的三个要素。具体到构想效度上面，首先，"构想"包含在构想效度的概念之中，"测量"则贯穿心理测量的始终，如何找到定律关系，这个问题对于心理测量来说是十分棘手的。作为构想效度的倡导者，Cronbach和Meehl从逻辑实证主义后期的代表人物——亨佩尔的研究中找到了灵感和解决办法。

关于科学说明问题，亨佩尔提出了以严格定律为核心的“演绎—定律”模型，以及以统计定律为前提的“演绎—统计模型”、和“归纳—统计模型”。他认为这三种模型代表了科学说明的基本逻辑结构。

Cronbach 和 Meehl 的想法与亨佩尔的研究思路不谋而合。这两位学者头脑中设想的证明过程，就是通过间接测量的实现方式，从可观察的现象中推导出不可观察的心理构想。为了证明这种推导是有效的，我们先要证明可观察的变量是存在的，如果这一点已经有定律可以证明，那么在此基础上，最为重要的是需要找到一个途径，涉及不可观察的心理构想，建立其关于心理构想的定律。为了证明这一类定律的有效性，则需要通过已经证明有效的定律来推导这类定律的有效性。这个过程完全可以从亨佩尔的三大模型中得到实现。

从 Meehl 的构想效度讲座笔记，以及 Cronbach 和 Meehl（1955）对定律网络的详细介绍中，我们可以明确，定律网络中存在两类变量（构想和操作）和三种类型的关联关系。一类关联是理论构想之间的关联，这是定律网络中实际存在的部分，二类关联是理论构想与构想操作之间的关联。三类关联关注于定律网络中不同构想的操作之间的关联。

通过对定律网络的原型，即“推导—演绎模型”的了解，我们进一步理解了 Cronbach 和 Meehl 在心理学中引入相对陌生的定律网络的意图，即因为心理测量无法直接得到所测属性的标准表述作为效标，只能借助于间接的途径，通过已经被证明有效的定律和条件，来推导演绎出对心理属性的界定和关联，从而达到对心理构想的有效证明。通过对定律网络的解读和梳理，我们明确了心理测量界在遵循科学解释方面所做出的进一步努力，即着力探索和发现科学解释中所需要的定律和演绎推导所需的相关说明。至于定律网络在心理学中的应用和发展情况，我们通过追踪 Cronbach 和 Meehl 后续的相关论述，发现定律网络这个科学解释模型并没有具体实现的应用实例，究其原因，我们发现，Cronbach 作为定律网络的倡导者之一，他本人对定律网络的理解和阐释有误解之处，例如他在 1971 年的《心理测量》第二版中，对“树木年轮形成”定律网络的解释存在漏洞和缺陷，除此之外，为心理测量学界所公认的原因是，定律网络在短期内无法实现应用。因为定律网络这个从科学哲学层面引入的模型，对于绝大多数心理学家来说太过陌生，心理学家们对这个几乎毫无所知的新模型并不关注，更不去为之钻研和探索。早在定律网络提出不久，Compbell（1960）就认为，心理学家的观念不像物理学那样具有演绎的力量，他建议心理学家应该把理想的定律系统放在一边。

作为定律网络的倡导者之一，Cronbach（1989）也表达了对实现定律网络的消极态度：

> 这个理论的理想是把科学知识“重建”为一个演绎系统。……而在心理学中，这种强式理论[①]最多是遥远未来的希望。因此，把结构效度与演绎连在一起，是一个策略上的错误，并且，给不成熟的科学穿上实证主义外衣是矫饰的，而说结构若不是定律网络的一部分就不可科学地接受，则是自拆台脚。（转引自张凯，1998）

Trochim（2006：2）在回顾和探究定律网络模型时，仍然认为定律网络目前无法具体实现：

> Cronbach 和 Meehl 提出构想效度理论，并引入定律网络作为实现构想效度检验的途径和设想，这一想法毫无问题，并且定律网络在物理学中已广泛存在。但是定律网络在心理学中只能是哲学基础，无法提供实际的方法，起码在目前的情况下无法实现。

构想效度依赖于对构想和大量不同行为之间的关联进行的详细描述。关于构想我们知道的越多，我们就会有更好的机会来判断一个

① 即定律网络。

测验是否为特定构想提供了准确的测量。“如果能够为测量提供一个界定充分的构想，那么判断测量的构想效度将简单得多。”（Murphy & Davidshofer，2004：168）我们将构想效度的这种需求称为构想效度的“实体论”，即构想效度研究必须找到与心理构想相关联的可操作实体，并且实体与构想之间能够通过定律网络中的定律关联起来，实现对心理构想的间接测量。Cronbach 和 Meehl 也隐约地认识到构想效度的“实体论”的重要性，并且从科学测量的成功典范——自然科学中的科学解释框架中，找到了能够解决心理构想“实体论”的方法，开创了定律网络。可以说，Cronbach 和 Meehl 在构想效度理论的实现问题上，具有重大的贡献。但是我们也要看到，Cronbach 和 Meehl 在阐述定律网络这一理想的科学解释框架时，介绍得并不清楚和充分，使得许多心理测量研究者都对这个网络产生了误解和疑惑。

根据上述内容，可以明确 Cronbach 和 Meehl 选择定律网络来证明构想效度，是希望模仿成熟科学（如物理学）的实现方式，将心理学研究推向真正的科学研究。我们可以明确的是：第一，亨佩尔的三大模型是定律网络的本源。定律网络中的“nomological”一词来自亨佩尔的 D-N 模型，通过借鉴“nomological”一词来强调定律在这个科学解释框架中的核心地位；第二，“nomological net/network”一词是 Cronbach 和 Meehl 自创的，旨在形象地表述理想的关联模式，不同的构想和实际操作实际上存在不同的关联和相互交叉联系，形成类似网络的框架。定律网络在心理测量领域没有实现真正的应用，不仅仅是因为它的实现极具难度，更为直接的原因是，对这个网络最具发言权的 Cronbach 缺乏对定律网络本质的准确理解，且从未真正尝试在心理测量领域中应用定律网络。在这种状况下，定律网络注定要被冷落和搁置。

## 3.3 Cronbach 和 Meehl 构想效度研究倾向的演变

关于构想效度，我们在前面的阐述中已经介绍了构想效度的来源及其本质，并且对 Cronbach 和 Meehl 对构想效度研究的设想以及引进的定律网络进行了追溯和评析。从构想效度最初的发展变化可知，构想效度提出的本意是将心理学对心理构想的研究上升到科学研究的理论层面，定律网络作为一种科学解释框架，由于其自身存在的缺陷，以及绝大多数心理学家对它的质疑和消极态度，使其尚且无法在心理测量中得到实现。作为心理测量学界最有影响力的学者和构想效度问题上最受尊重的权威，Cronbach和Meehl对构想效度的思考和研究也是发展变化的，他们的研究思路直接影响到其他效度研究者的思考，从而影响构想效度整体的发展趋势。鉴于此，梳理这两位倡导者[①]的构想效度研究的演变历程是十分必要的，在此过程中，我们发现这两位学者在长期的构想效度研究中，内心也充满着矛盾与动摇。

## 3.3.1　构想效度研究的演变历程

### 3.3.1.1　二十世纪五六十年代的定律中心论

在提出定律网络后，Cronbach 在二十世纪五六十年代的构想效度研究中，保持着对定律网络的关注和介绍，首先在构想效度理论的经典论著《心理测验中的构想效度》中，Cronbach 和 Meehl（1955：292）就强调定律网络在构想效度研究中的重要性：

> 一个测验声称测量了一个构想，对这个测验进行效度检验的过程中，围绕这个构想的定律网络必须存在。

两位学者还指出，只有了解了关于所测构想的定律，才能算是准确地获知了构想的信息：

> 当我们了解了所有包含焦虑的定律时，我们才能说出“焦虑是什么”，同样，在我们发现这些定律的过程中，我们并不能准确地知道焦虑是什么。（Cronbach & Meehl，1955：295）

① 主要是 Cronbach 在构想效度研究上的论述，Meehl 在效度研究上的阐述较少。

根据上文对定律网络中定律的介绍，可以明确定律网络中的定律包含三种情况，分别为可见的观测变量之间的关联定律、理论构想与可见变量之间的关联定律，以及理论构想之间存在的关联定律。值得注意的是，由这些定律构成的网络不能是抽象的、空泛的，必须是具体可见的，需要与可见的具体变量存在关联。对此，具体到在心理测量中的构想效度问题，Cronbach 和 Meehl（1955：291）强调：

> ……问题是，除非网络与观测物互相关联，并且建立明确的公认的关联步骤，否则，就不能声称进行了构想效度检验。

可见，Cronbach 和 Meehl 在这里也再次表明了对“构想”的界定，构想必须要与可见实体相关联，这种定律关联有可能是直接的，也可能是间接的，但是连接的一个终端必须是具体的可见实体。

总之，Cronbach 和 Meehl 两位构想效度的倡导者将构想效度作为一个理论进行研究，并且指出对构想效度的研究应从自然科学的研究思路入手，按照科学解释的方式对心理构想做出科学说明，避免效度研究的简单相关关系表述：

> 对于测验的解释必须是有效的；构想效度不应表述为一种简单的相关关系；构想有可能是多样的，从“纯描写”到高度理论化的构想，包含假设和验证过程，或是对其他科学的构想做出判断；研究构想效度的过程与确定科学理论的基本程序没有本质区别。（Cronbach & Meehl，1955：302）

紧接着，Cronbach（1957：676）同样强调构想与理论网络相关联的思想：

> 一个被认可的测验解释，是一个主张，即一个测验测量了一个构想。例如，提出一个主张是测验分数能够与一个理论网络相连接。这个网络与主张一起，共同形成了对观测实体的预期。只有当观测实体与预期相一致时，测验解释才得以合法化。

同样是在 Cronbach（1957：682）的文章中，Cronbach 通过介绍和引用当时的心理学研究成果，表达了对探索和发现定律的愿望和迫切的呼吁：

> 在《心理学评论》（*Psychological Review*）中，Bergmann 和 Spence 介绍了 R-R 定律和 S-R 定律[①]及二者之间的不同。他们认为，等式 R=f（S）必须扩展成为 R=f（S，T，D，I）。这些增加的变量是先天固有的差异、动机和过去经历等所有不同的变量。这是一个大胆的计划，但是没有人在实际应用上使用这一方法。

科学解释的实现需要定律的存在，Cronbach 显然明白这一点，因此在其论述中强烈要求在心理学中探索定律的存在，或者发现心理学中隐含的定律关系。同时，Cronbach（1957）也指出，还有其他学者也在研究定律的开发与确立，但是在具体实践方面，Cronbach 承认，当时只存在对定律的引入和设想，缺乏具体的实施方法，即心理学中的定律研究尚处于计划设想阶段。

值得注意的是，Cronbach（1957）介绍 Meehl 的主张时，使用的“测验解释”，以及上文提到的 Cronbach（1964）中使用的“概念解释”，与后期（尤指 20 世纪 80 年代后）效度文章中出现的“测验解释”“分数解释”等词的含义是不同的。根据 Cronbach（1957）中的论述，“测验解释”指解释测验分数与理论框架之间的关系。具体来说，就是测验分数代表了一种构想，对构想的证明需要在构想所在的理论网络中寻找关联和答案。而 20 世纪 80 年代以后，效度研究中使用的“测验解释”则指运用各种证据来解释分数，回避或者完全没有考虑测验分数与理论构想之间的联系，而是简单地将测验分数与各方面证据联系起来，导致分数解释随测验解释者的主观判断而定。

从上述 Cronbach 和 Meehl 对定律网络的引入，以及 Cronbach 对这

① R-R 定律是指反射—反应定律，S-R 定律是指刺激—反应定律。

个网络的多次论述，我们可以确认，Cronbach 对定律网络这一科学解释框架是十分推崇的，Zumbo（2009：72）曾对 Cronbach 和定律网络的关系总结道：

> 不仅仅 Cronbach 和 Meehl 致力于效度解释，Cronbach 本人也十分推崇定律模型，认为 Hempel 提出的推导—演绎模型是对构想效度检验的最为清楚的哲学解释。

但是 Cronbach（1957）通过提及 R-R 定律和 S-R 定律等相关内容，表明这是一项艰巨而重要的任务，Cronbach 本人对定律网络这个难题并未进行具体尝试。

#### 3.3.1.2　20 世纪 70 年代开始扩大构想效度范围

20 世纪 70 年代以后，Cronbach对构想效度的理解发生了一些转变，这些变化体现在 Cronbach（1971：443）对构想效度的界定分两种情况对待：

> 狭义地认为，效度检验就是检验根据测验分数做出的具体预测和推断的准确性程度。更宽泛地说，效度检验用来检验对一个测验进行的所有的解释的准确程度，包括描述性解释和推广性解释。

可见，Cronbach 开始转向对测验解释的关注，同时他还强调构想效度检验的过程是比较困难的，需要使用很多不同的技术来检验不同的假设和对立假设。构想效度检验需要综合不同的研究，并不是仅提供一个相关系数，或者是对一系列研究的一个简单总结。可以说，Cronbach 开始关注定律网络中的多种关联关系，以此说明构想效度研究的困难和复杂，但此时他还是强调对构想的细致研究，例如 Cronbach（1971：444）表明自己的观点：

> 构想效度检验从提出一个问题开始，这个问题是关于一个特定的测验测量某一构想。除非这个构想被一些研究和陈

述所具体化，不然这个问题就是白说，没有意义。

Cronbach 的这个陈述虽然在强调研究构想的重要性，但是从表面看来只是浅显地陈述，构想被“具体化”到何种程度？如何实现对构想的具体化？这些问题 Cronbach 并没有涉及，所以 Cronbach 这种口号式的表述并不能给当时，甚至是今天的效度研究者以深刻的启示，他没有把问题说清楚，讲明白。我们认为，如果就此判定 Cronbach 自己也不知如何实现对构想的具体化，这种判断有些过分。因为在 20 世纪 70 年代之前，Cronbach 的理想还是遵循构想效度的初衷，从科学理论的层面研究心理构想问题，Cronbach 为此不仅借鉴亨佩尔的推导—演绎模型，创立了定律网络作为解释框架，而且于 1971 年具体分析了两个运用定律网络的实例。

Cronbach（1955、1964）提出定律网络的主旨和要求后，于 1971 年的《教育测量》第二版中尝试提出了具体的设想，并介绍了定律网络的应用实例和自己对此的评价。

Cronbach（1971：477）介绍，他对定律网络的理想操作，是根据已知观测信息，利用网络来推断其他观测值。同时，他给出了生物学中的一个定律网络的例子，即 Fritts（1966）的“狭窄年轮的形成”网络图，并评价这个网络是一个发展完善的理论网络。Cronbach（1971：476）在列举这个生物学的定律网络的例子时，具体说明“网络连接了构想和观测变量”，并且解释了定律网络中用于连接不同成分的箭头的含义：

> 任何时候，一个网络都要连接构想和观测变量。网络中的每个箭头都代表了一种关系，这些关系会发展成为一种正式的命题。在一个网络中形成的陈述可能是精确的公式，也可能相当含糊，但是它们能够推断出与实际观测物存在明显矛盾的地方。

较之前没有提及的有关定律网络的内容，Cronbach（1971）还解释，定律网络的建立并非一蹴而就，而是需要根据具体情况做出调整和修改。我们对 Cronbach 提到的调整内容进行了归纳，大致包括：对观测变量的指标做出调整或修改，对提出的构想进行合并或划分，甚至是替换，对整个网络进行调整等几个方面。

至于定律网络的具体应用所面临的困难，虽然 Cronbach（1957）已经表明这是一项艰巨的任务，但是他认为这些困难不仅限于心理与教育学等社会科学领域，自然科学也面临同样的困难。既然物理学等自然科学已经实现了运用定律网络来证明相关理论，心理学等社会科学也同样可以做到，Cronbach（1971：478）在其表述中流露出这一信念和信心：

> 在构想研究所面临的问题上，教育和社会科学并不是最困难的，自然科学也面临同样的问题。在教育和社会科学中，很难界定和控制人所做出的因果假设关系，天文学、古生物学以及其他自然科学也面临同样的难题。

值得注意的是，Cronbach（1971：477）提及对定律网络的适时调整中，将调整的原则描述为“效用（usefulness）”，而不是“事实（truth）”：

> 经过一番调整，整个网络将在构想和指标的效用方面增加更多的有利信息。注意是效用（usefulness）的关联，而不是真理（truth）的关联。

可以认为，Cronbach 所持的观点是，为了确保定律网络中的构想、可观测变量以及相关指标是能够具体实现，找到构想与观测变量之间的定律关联，重点关注“效用”即可，也就是使网络中的已知信息发挥其“有用性”，而不必纠结其是否为真。可以看出，Cronbach（1971）中所使用的“效用”一词，是为了促使定律网络能够在构想效度检验中尽快得到解决，因此强调了构想和指标的有用性。

回到 Cronbach（1971）对生物学中的定律网络的简单评价，我们发现 Cronbach 对这个网络的评价并不能算是非常客观的评价。因为这个有关年轮形成的网络中并没有完全满足定律网络的推导演绎和定律实现两大要求。

具体到心理测量关于定律网络的应用，Cronbach（1971：478）介绍了 Atkinson（1966）提出的解释“成就需求”的定律网络，以及这个网络的建立思路和成果，但是 Cronbach 最终的结论是“成就需求”定律网络的核心公式没有建立起来，“这个网络没有测到它试图想要呈现的那个构想”。Cronbach 还简单介绍了当时的一些理论家分析这个网络失败的原因，总结起来包括网络自身的原因，或者实验室所导致的失败等。可见，利用定律网络来证明理论有效同样会受到多方因素的影响和干扰。

所以说，Cronbach 当时对构想应该被“具体化”到什么程度，是有一定思考的，他希望心理构想能够在定律网络中通过已知定律的推导和关联得到确认，根据已有定律的表达和关联来将心理构想具体化。但是由于 Cronbach 发现定律网络在心理测量中的实现非常困难，例如 Atkinson 的“成就需求”的定律网络并未获得成功，Cronbach 本人没有尝试在心理测量中具体应用定律网络来解释心理构想。于是 Cronbach 在这个问题的表述上也是含混的，表面的，并没有具体细节。

#### 3.3.1.3　20 世纪 80 年代构想效度证据无所不包

到 20 世纪 80 年代，Cronbach 更加专注于分数解释和搜集效度证据，多次强调所有的效度检验都是构想效度检验（Cronbach，1980；Messick，1975）。基于内容的证据和基于标准的证据（content-and criterion-based arguments）都是这个整体的一部分（Cronbach，1984），但是构想效度检验是最为重要的研究（Cronbach，1989、1990）。

除了提出将几大效度类型归入构想效度研究框架外，Cronbach 在 1984 年的《心理测验概要》第四版中，具体到构想效度检验问题时，将社会文化、政治等因素加入到构想效度检验中：

> 效度检验是一个变化的，创造性的过程。测验建构者或者研究者试图形成一种解释，用来说服别人相信它的充分和

> 恰当。这种解释具有科学层面的要求，但是它通常也包含了政治和实际操作层面的要求。这种复杂性意味着效度检验不能缩减为规则，也没有一种解释能够被认定为是最终的解释，这就是一系列复杂和混乱的来源。（Cronbach，1984：149）

Cronbach（1988：4）进一步从功能、政治、经济、操作和解释五个视角对构想效度论据进行了阐释，将构想效度的研究范围进一步扩大。他提出价值考虑也应纳入效度需求之中，例如社会或个人使用测验的效果如何，是好还是差等问题。效度证据必须与概念、证据、社会和个人效果以及价值相联系。

可以看出，构想效度的研究范围在二十世纪七八十年代得到了扩展，构想效度所涵盖的内容越来越多，几乎无所不包。

在定律网络这个问题上，Cronbach 不再涉及定律网络的实现问题。Cronbach 自 1971 年介绍和评价前人的定律网络研究后，没有继续深入探讨定律网络在心理测量中的应用问题，转而将一系列其他因素，如政治、经济等，加入到构想效度检验中，不再提及定律网络的具体实现，而是将解释划分为科学层面与操作层面，并且指出不同层面的解释会带来复杂和混乱。

可以看出，至 20 世纪 80 年代，Cronbach 已经不再从建立定律网络的角度考虑构想效度检验的问题，他发现构想效度检验无法“缩减成为规则”，尤其是 Cronbach（1988、1989）指出，1955 年文章中提出的定律网络在实际应用方面是十分困难的。他在 1988 年的论述中提及：“在短时间内实现定律网络似乎没有希望。”（Cronbach，1988：13）也就是说，Cronbach 已经放弃了探寻定律的目标，不再明确强调定律和规则的建立。

Cronbach（1989：159）认为定律网络的实现遥遥无期，也暗示了他本人向反对定律网络、反对构想效度的人妥协：

> （这个理论的）理想是把科学知识“重建”为一个演绎系统。一个概念可视为有定律性质，仅当其被放入“一个已建

> 好的科学演绎系统”，同时，仅当其陈述了何处出现某条件，就会发生某事时，它也就具有定律性质。即使在50年代，哲学家也是很谨慎地说，这类系统只能近似地得到，只能在成熟的科学中得到，而在心理学中，这种强式理论最多是遥远未来的希望。

## 3.3.2　矛盾与动摇

### 3.3.2.1　Cronbach自相矛盾的难处

在构想效度研究范围无限扩张的同时，Cronbach对此的研究立场并不是十分坚定的。我们从掌握的文献中发现，Cronbach在强调效度证据全面多样的同时，并没有完全抛弃提出构想效度时的理想，在他1989年的研究中仍然提到“构想效度检验最好的例子来自科学著作，而不是测验手册或有关测验使用的文章”（Cronbach，1989：155）。可以说，Cronbach在构想效度本质的问题上，长期处于自相矛盾和向困难妥协的境地。

Cronbach在构想效度问题上的矛盾心理，具体表现在他扩展构想效度研究范围的同时，还是会提及当初提出构想效度时的理想：

> 解释测验分数与科学论证十分相似，就是在好奇心、推测、收集证据以及对证据形成的解释的批判性回顾之间进行反复的调整和改变。一个理论就建立在构想的基础上，每一个构想都用来描述一个范畴，例如事件、课题、情况等。对行为的观察被总结为一些构想：“攻击性行为”“狂躁抑郁”等。构想一词来源于（construe）“解释、分析、直译”的意思。一个构想就是一个对所观察的东西进行分析和组织的过程。（Cronbach，1984：133）

上述引文表现了Cronbach试图从科学理论层面探究心理构想的愿望。但是对于在科学研究领域中所面临的巨大困难，Cronbach（1984：

149）也有清楚的认识：

> 建立一个经得起时间考验的理论并非易事。物理学家经过几个世纪的研究才形成诸如原子和地心引力之类的概念。测验解释者借用了科学的逻辑，但是他们需要尽其所能形成相对简单的理论。

在此基础上，Cronbach 对构想效度的初衷以及定律网络的实现不再满怀信心，而是表现出了退缩之意：

> 当时的一些实证主义者的理想是将科学知识“重建”成一种正式的演绎体系。甚至在 20 世纪 50 年代，哲学家们曾非常小心地说，这种体系只能在科学的成熟分支中才能实现，在心理学中，这种强式理论最好寄希望于遥远的将来。（Hempel，1965：111、150；Scriven，1956；转引自 Cronbach，1989：159）

Cronbach（1988、1989）指出，Cronbach 和 Meehl（1955）中提出的定律网络在实际应用方面是十分困难的。他在 1988 年的论述中提及：“在短时间内实现定律网络似乎没有希望。”（Cronbach，1988：13）然而，比起将测验放置于一个复杂的网络中（这个网络呈现出所测构想与其他诸多构想的关联），大多数构想效度研究者更加倾向于判别出关于心理构想的怎样的推断能够成为测验分数的基础，并且在怎样的情况下这些推断是有效的。（Cronbach，1988；转引自 Murphy & Davidshofer，2004：166）

Cronbach（1989）的这些表述暗示，心理学当时还是科学的一个不成熟的分支，将构想效度与科学演绎思想联系起来的方法将无法实现，1955 年提出构想效度的那篇文章，是给不成熟的心理学压上了无法兑现的沉重负担，即在心理学中无法实现定律网络和理论观念与可观测信息之间的关联。这些观点可以说是对 Cronbach 自己的否定和推翻，其实就是 Cronbach 的退缩，他在为自己转向人文主义研究寻找理由，解释自己在构想效度研究问题上出现前后反差的原因。

其实，面对心理学界的各种批判和误解，以及定律网络实现的遥遥无期，Cronbach 当年（1955 年）将构想效度纳入科学测量范畴，实现心理测量的科学说明的雄心遭到了挫败，他在 1989 年的名为《构想效度三十年》的文章中，流露出了些许抱怨：

> 哲学家不再把科学的发展看作是一个直线上升的过程，即从谬误到初步接近真理、再到一个涵盖范围更大的完备的命题系统、最后用上帝的眼光来看世界。在科学、技术乃至政策中，理论要获得有关社会集团的广泛支持才算成功，它在多大程度上是理性的过程，也就在多大程度上是社会的过程。接受一个构想本来就是一个社会过程。这种对理性主义理想的消解，并没有使抓住 CM（Cronbach 和 Meehl）文章不放的做法得到消解。（转引自张凯，效度讲义）

从 Cronbach 的言论中，我们可以看出当时的研究主流，不再是纯粹的科学层面上的探究，同时包含社会、文化等因素在内，构想效度研究不只是理性主义的分析，还需要社会背景、人文主义的考虑，Cronbach 对此趋势和现象虽然表示无奈，但还是接受了这一现实。同时，这些情况也体现了 Cronbach 研究思想的矛盾，一方面强调构想效度的科学研究层面的重要性和艰巨性，一方面迫于对现实困难的无奈和畏惧，屈从于扩大构想效度的研究范围，热衷于收集多种证据。Cronbach 的这种矛盾心态一直伴随着他的效度研究，我们认为这也是 Cronbach 最终被迫采取折中立场的主要原因。

#### 3.3.2.2　Cronbach 的折中立场

根据之前的评析，我们可以明确在效度理论研究中，Cronbach 是受到逻辑实证主义的影响，最早试图将构想效度理论纳入科学演绎体系中的理论家之一。他最初对实现构想效度的科学说明抱有很大的理想，并于二十世纪六七十年代多次介绍和评析前人的定律网络实例，他试图在心理测量中实现定律网络的科学解释。但是随着社会、文化等人文主义因素的加入，他处于退缩和矛盾之中，为此，Cronbach（1988：12）对构想效度理论产生后出现的各种研究进行了总结，并采取了一种折中的研究态度，即提出了构想效度的强式表述和弱式表述：

> 对于构想效度，有两种互相冲突的建议需要处理：一种是强式表述，一种是弱式表述。弱式是纯粹的探索经验主义（exploratory empiricism）；有关测验分数与其他变量的任何相关都是受欢迎的。在1954和1966年的构想效度具体标准中，仅仅提到过"测验开发者提供的信息越多越好"的表述。这个建议就将本来费劲的研究化解成了恰当的解释。但是，弱式表述还是有一些优点的。

Cronbach在1990年的《心理测验概要》第五版中同样专门论述了构想效度的强式表述和弱式表述：

> 几乎关于测验的任何信息都会对理解它的构想效度提供一些贡献。……反映出这类对构想效度检验的弱式表述。……对构想效度检验的强式表述是针对具体假说的实际检验。（Cronbach，1990：183）

构想效度的强式表述和弱式表述是互相冲突的两种意见。强式表述在1955年Cronbach和Meehl的文中得到阐述，并在1982年Meehl和Golden的文章中再次提及，他们号召尽可能具体地建立理论概念，然后从对立假说中得到证实。（Cronbach，1988：13）

弱式表述是纯粹的探索经验主义，有关测验分数与其他变量的任何相关都是受欢迎的。在1954和1966年的构想效度具体标准中提到"测验开发者提供的信息越多越好"（Cronbach，1988：12），这个建议就将本来复杂的研究化解成了简单的解释。

Stanford-Binet等级研究手册第四版认为"几乎关于测验的任何信息都会对理解它的构想效度提供一些贡献"（Thorndike et al.，1986：

52）。这些都反映出对构想效度检验的弱式表述的认同。（Cronbach，1990：183）

Cronbach 本人在 20 世纪 80 年代后也更加倾向于构想效度的弱式表述：

> 说测验 A 有效或测验 B 无效是没有意义的。我们要证明的是特定的分数解释。说“迄今为止的证据都支持这种解释”，比说“该测验有构想效度”要有意义得多。效度证明是一个长期的、甚至是永无休止的过程。几乎从未有一个测验的解释能有一种坚实的理论做保障，常见的是，我们只能依靠粗糙的理论草图。在典型的测验解释中应用的那种概念和暗示的松散集合，我称之为“构想”而不叫“理论”。（转引自张凯，效度讲义）

Cronbach 在上面的论述中关注的是支持分数解释的证据，并且认为建立解释的理论基础很难实现。相比较而言，全面地搜集分数解释的证据更有可行性，更具有现实意义，所以 Cronbach 的折中立场实际上是倾向于构想效度的弱式表述，是他研究思路的重要转变。

### 3.3.3　小结

从 Cronbach 对构想效度研究的发展轨迹可见，Cronbach 从 20 世纪 50 年代提出构想效度理论，试图从科学研究的层面提高心理测量的理论水平，并试图从定律网络中寻求构想效度检验的解释框架，到迫于研究的困难和社会需求的压力，转而从实用主义的角度采取搜集效度证据的方法，来满足社会对于测验效度的实用需求，放弃了对构想效度的理论层面的探索。陈宏（2012：3）对 Cronbach 效度研究的演变阐述了类似的观点：

> 在几十年的职业生涯中，Cronbach 一直在他所构建的效度理论框架内，寻求建立测验构想（包括和测验构想有关的

规则网络)、测验结果和分数解释的一致性。……重要的是我们注意到，其实 Cronbach 的评论中一直包含了一种倾向，就是在讨论效度问题时，关注的焦点并不是测验的性质，而是根据测验分数所做推论或者对分数的解释的性质。这种倾向很容易被当作一种暗示：效度这一特性是超出测量过程以外的。这就给效度概念问题上的争议埋下了新的伏笔。

总之，Cronbach 在构想效度研究问题上，头脑中出现了一种混乱。他将科学层面上尚未能解决的问题，用实际应用的方法来代替，问题似乎得到了解决，但是我们应该清楚地认识到，这其实是对困难的妥协和回避，构想效度科学层面的研究与实际操作层面的研究并不在一个研究层面上，这两个层面应该截然分开，区别对待。科学研究层面的难题短期内很难得到解决，但是它是值得长期探究、思考和实验的问题，需要一个长期的探索过程，正如 Capra（1996）所说：

心理学并不是唯一一个需要经历概念形成和测量现实世界挑战的学科，一些所谓的硬科学，如物理学，同样经历了类似的挑战和革新，形成了对物质和精神更深入的理解。

实际应用的操作层面，是为了满足目前面临的迫切需求所做出的一种妥协，这些实际操作虽然欠缺科学性，但是在一定程度上解决了现实问题，至于实际应用方法的确定性和准确性的提高，还是有赖于科学层面的研究成果和突破。

通过对 Cronbach 构想效度理论发展演变的回顾与评析，我们认为，构想效度理论的科学解释性呈现倒退的局面，由 20 世纪 50 年代最初提出构想效度理论时，试图遵循自然科学的归纳演绎体系，实现以定律为核心的科学说明范式；到七八十年代的人文主义研究倾向。实际上 Cronbach 是在为当时他无法推进定律网络的发展和改进寻找借口，或者是他的自我安慰。从定律网络的提出到 20 世纪 80 年代末，定律网络的本意逐渐淡出 Cronbach 的研究视线，对构想效度的思考也从自然科学的研究视角，演变为外延不断扩大的包含多方因素的社会科学视角，以致当前的效度研究领域呈现出构想效度概念的“大而全”的趋势。

## 3.4　本章总结

构想效度是心理测量研究领域最为重要的概念，自从 1954 年构想效度正式提出以来，至今 50 多年的时间里，构想效度一直都是效度研究的核心内容。然而构想效度的本质、以及与它同时出现的定律网络的相关信息，在当今的构想效度研究中却很少提及，仅能在效度研究的历史回顾和文献综述部分找到只言片语，研究者们并没有对此类内容做出详细阐述，以至于当前的学者甚至会忽略或遗忘构想效度的一系列本源信息，而仅仅承认它们的重要性。

那么，心理测量界究竟为什么要提出构想效度，又是如何提出构想效度这一概念的，与构想效度密切相关的定律网络的含义是什么，它的由来是怎样的，作为构想效度的倡导者，Cronbach 和 Meehl 在这个研究领域的思考有何变化，他们的研究出现了哪些转折点，导致构想效度的重大转变，在这些问题没有得到准确的梳理和阐述的时候，便会出现当前构想效度概念和本质在理解上的模糊和混乱。

鉴于构想效度研究的上述状况，本章着力阐述了构想效度提出的背景，指出构想效度是心理测量学界在重压之下采取的举措。心理测量研究领域试图以逻辑实证主义思想为指导，在逻辑推理的框架中实现对构想理论的证明，从而避免操作主义方法的缺陷。正因为如此，构想效度遵从逻辑实证主义哲学思想，强调推理归纳的研究过程，并注重定律的核心作用，所以说，构想效度是在“摒弃操作主义方法，接受逻辑实证主义思想”的过程中提出和形成的。本章通过追溯构想效度提出的本意，还原了构想效度的本质，即构想效度是为了证明理论有效。

Cronbach 和 Meehl 作为构想效度的开创者，深刻认识到心理特质是不可直接观察和测量的，对于心理构想的证明必须通过间接的方式。Cronbach（1989）表示：“说到一个实体，你是根据有关它的理论陈述在何种程度上与观察陈述相连而得知其意义的。这些陈述是说它在哪儿出现、它有何影响、它会如何以及它由什么组成。这些特性只有极少数是可以直接观察的。"（转引自张凯，1998）

在此认识的基础上，两位学者借鉴了亨佩尔开创的科学说明三大模型，并将其引入构想效度研究中，称之为"定律网络"，试图实现对那些不可直接观察和检验的理论的证明，方法就是通过定律网络将已知定律传递到不可直接观察的理论上，从而间接地实现对这类理论的证明。也就是说，他们希望通过定律网络中已知有效的定律来推导出未知变量的有效性。可以说，Cronbach 和 Meehl 试图将自然科学的科学解释方法引入对心理构想的解释中，实现对心理构想理论的科学解释。他们的这一逻辑实证主义研究思想是值得肯定的，但是囿于两位学者对该科学解释框架的一知半解和缺乏深入实践探索，随着对构想效度以及定律网络研究的不断深入，隐含其中的困难也愈发凸显出来，可以说，至今构想效度研究对定律网络的实际应用仍属空白。

我们注意到，Cronbach 和 Meehl 两位倡导者的构想效度研究也随着时间和研究的进展情况发生了转变，他们由 20 世纪 50 年代试图遵循自然科学的归纳演绎体系，到七八十年代转向人文主义倾向，再到 20 世纪 80 年代末，定律网络的本意逐渐淡出 Cronbach 的研究视线，演变为外延不断扩大的包含多方因素的社会科学视角。我们认为其根本原因，是 Cronbach 把构想效度的科学研究与应用技术混为一谈。科学研究层面的难题短期内很难得到解决，但是它是值得长期探究、思考和实验的问题，需要一个长期的探索过程，而实际应用技术层面，是为了满足目前面临的迫切需求所做出的一种妥协，至于实际应用方法的确定性和准确性的提高，还是有赖于科学层面的研究成果和突破。因此，这两个不同层面的研究必须截然分开，显然，Cronbach 和 Meehl 在面对迫切的社会需求时，将更多的关注点集中到了实际操作层面，导致构想效度理论研究的淡化和逐渐缺失。

由此，我们可以明确，构想效度是从纯理论的角度提出的，它的首要任务是界定测验测的是什么。在解答这个问题上，为了摆脱操作主义方法的影响，构想效度从证明构想理论的角度入手，对所测心理特质提出“构想”，将对心理特质的证明纳入理论证明的过程中，试图通过科学测量、定律来实现对构想的证明。定律网络正是在这种思路下产生的，但是由于心理测量领域几乎没有学者真正理解定律网络的研究思路和哲学背景，仅有的定律网络分析也并不充分，这样的认识基础使得定律网络的应用无法实现，因此构想效度通过定律网络在理论证明方向上的研究被搁置下来。因此，构想效度的首要任务仍然没有得到解决，看来，明确界定“测了什么”这个问题仍然需要继续探究，它不应随着定律网络的退出而淡出研究者的视线，相反，这个问题更加需要得到重视和钻研。正如一些学者所说的那样，构想效度研究是一个极为复杂的研究过程，效度研究方面“规范的理性进步来得十分缓慢”（Wiley，1991：76）。

# 第 4 章

# 构想效度研究的测量视角

我们在第三章中强调，虽然构想效度和定律网络的提出，是为了解答“测了什么”的问题，但是这个研究过程进展得并不理想，心理测验究竟测了什么依旧不得而知。同时，心理测量界仍然需要考虑对所测心理特质的界定这个属于测量学的问题。

其实，构想效度研究的测量学视角由来已久，早在 20 世纪初，已经有学者发现当时的智力测验没有对智力的本质给出一个明确的界定（Otis，1916）。也就是说，在未明确智力是什么的情况下，智力测验就开始了所谓的“测量”。这个所谓的智力测验可能测量了点什么，并且测量得比较可靠，对测验使用者和社会也有一些价值，但是这个测验究竟测量了什么，这个疑问并不能得到明确的回答和详细的描述。关于智力究竟是什么，当时的一些主要研究者进行了多次讨论，但是他们始终没有达成一致（Rugg，1921），不同的学者对智力有着不同的界定，可见智力测验也是各种各样，存在不同的版本。究其原因，还是因为“智力”这个关键因素没有被明确地界定。

根据科学理论成立的条件，构想作为假设的心理属性，需要找到与之相对应的客观实体，构想指称一个假设的实体或过程，如果这个构想所指称的实体和其他已经确证的实体之间有定律关系，这个假设的实体的客观实在性就得到了证明，而这个证明的过程大多都离不开科学测量的实施。总之，在证明理论成立的过程中，构想、测量和逻辑演绎关系都是不可缺少的，其中测量活动贯穿始终，是证明构想，获得定律关联的重要手段。

在明确了构想效度研究与测量密不可分后，我们发现在效度研究领域，有一批心理学家一直在从测量的视角探究心理特质的结构，解决构想效度问题。他们的研究表面上看似偏离效度研究领域，但实质上是在思考如何测量心理构想，如何实现对心理特质的科学表述，这些研究目标都属于构想效度问题；并且这类研究大多关注于纯测量理论的探讨，其中，美国心理学家 Stevens、澳大利亚心理学家 Michell 等，这些颇具代表性的学者分别从测量学的不同角度探索如何准确地实现对心理特质的测量。但遗憾的是，他们都忽略了一个重要的因素——证明心理特质的客观实在性，于是这些学者最终也没有解决对心理构想的科学测量问题。

## 4.1　Stevens 忽略构想，关注赋值

心理学研究领域公认的测量定义，主要来自于 Stevens[①] 的界定。Stevens 作为当时主要的心理测量专家，借鉴并发展了 Bridgman 操作主义哲学思想，从操作性定义的角度对心理特质进行界定，看似成功地解决了对心理特质的界定问题，引导心理测量研究关注于如何赋值这个过程。实际上，在“测了什么”这个难题上，Stevens 测量定义及其量表理论并没有触及解决难题的根本，而是巧妙地忽略了这个难题，跳跃了这个障碍，我们将在这一部分对 Stevens 的研究进行阐释和分析。

### 4.1.1　Stevens 对测量的界定

早在 1946 年，Stevens（1946：677）将测量定义为“根据规则为

① Stanley Smith Stevens（1906 年 11 月 4 日—1973 年 1 月 18 日），美国心理学家，创立了哈佛大学的心理声学实验室。Stevens 撰写了具有里程碑意义的教科书，即 1400 多页的《实验心理学手册》(1951)。他还是心理学研究学会成立的组织者之一。1946 年，他提出了测量的不同水平理论，这一理论广泛应用于统计领域。此外，Stevens 促使操作性定义在心理学中得到了进一步的发展。

对象或事件赋值”。Stevens 作为一名极具影响力的心理学家，他的研究主张和成果成为诸多学者的理论依据，于是 Stevens 简洁的测量定义成为心理测量界理解科学测量的主要途径，《心理学简明百科全书》中对测量的定义“测量就是依据规则为对象或事件赋值的过程”（Brown，1996：546），被大多数心理学家认为是 Stevens（1946）著名定义的演变。Stevens 本人也在测量理论 30 周年论坛时又重申了这个定义：“测量是根据规则给对象或事件赋值。”（Stevens，1946、1951、1958、1959、1967、1968、1975）有时他会在定义中加上“任何规则”的说明。

至于 Stevens 测量定义对心理学界的影响，Michell（1997）总结道：

> 自 1951 年 Stevens 出版《实验心理学手册》起，他对测量的界定就站住了脚，并被很多教材引用。在很多大学的图书馆里，能看到一些心理学著作中对测量的定义为：“测量就是根据 z 将 x 赋予 y。”

通过查阅相关文献，以及了解《不列颠百科全书》中对测量的界定[①]后，我们发现要想真正理解测量的含义，仅凭借 Stevens（1946）界定的测量定义是远远不够的，需要明确测量活动是“从定义测量对象开始的”。如果测量对象尚不明确，则无法进行赋值活动。就算心理特质作为测量对象无法直接靠近和操作，也要“把它变成一种模拟的测量信号”，也就是找到一个同类的已知定量与之对应，从二者之间的相互作用中寻求心理特质的信息。显然，《不列颠百科全书》中虽然没有专门提及测量对象的首要地位，但是从定义阐述中可见对测量对象的重视，以及对如何确定测量对象提供了大致的研究思路。与《不列颠百科全书》中的测量定义相比，Stevens 测量定义则简略很多，关于测量对象

① 《不列颠百科全书》（国际中文版）对测量的界定是：测量是从定义测量对象开始的，它总是要涉及将测量对象与一个同类的已知量相比较，如果测量对象是无法靠近去做直接比较的，就需要把它变成一种模拟的测量信号，因为测量时在测量对象与观测者或观测仪器之间总会有相互作用，所以就总会有能量交换。（《不列颠百科全书》（国际中文版），1999，11：47，北京：中国大百科全书出版社）

问题，Stevens 没有说明如何定义测量对象，如何确认测量对象是否可测。也许他认为测量对象是不言自明的，无需专门探究，就像长度测量中的长度一样。例如 Stevens（1946）列举了响度量表的例子，Stevens 在表述中认同响度量表通过找到感觉强度与刺激强度之间的定量关系来实现对感觉的测量，其中对感觉这个测量对象的确认是通过与刺激强度的关联得到的，用间接的方式实现了对感觉的确定。从这个例子中可以看出，Stevens 在表述中隐含了对测量对象的确定，但是他并没有意识到这个研究步骤的重要性和艰巨性，而是默认测量对象是众所周知的第一要素，因此对它不加说明。我们认为 Stevens 的这一看似无心的省略却为心理测量埋下了操作主义的伏笔。

在心理测量领域，并非所有的研究者都明确测量对象的核心地位。在 Stevens 测量定义广为流传的同时，一些心理学家在接受这个测量定义的基础上，发现该定义过于简洁，应该在定义中将测量对象这个核心要素体现出来，于是他们又对定义进行了补充和完善，例如罗德和诺维克（1992：7）把这个定义补充为“测量就是给实验单位的特定性质赋值”，Crocker 和 Algina（1986：3）认为，这个补充使 Stevens 的定义更加精确。Nitko（1983：5）、Bachman（1990：18）的定义与此类似（转引自张凯，2004：61）。可见，上述这些心理学家对 Stevens 定义的补充，集中体现在强调定义中隐含的测量对象（特定性质），并明确指出单位的重要性。

与此同时，还有少数心理学家彻底否定了 Stevens 测量定义，如 Michell（1990：19）批判 Stevens 定义“混淆了两种不同的操作：即测量和数字编码。任何混淆了这两个操作的理论都将阻碍科学的进程，因为它模糊了需要强调的重要事实情况”。通过 Michell 对 Stevens 定义的否定，可见 Michell 认为 Stevens 定义仅仅指数字编码，而不是测量，Michell 认为 Stevens 的测量定义是对测量事业的误导，他对该定义进行了彻底的批判。而在赋值方面，Luce（1997：395）同样批判 Stevens 测量定义过分宽泛，赋值的规则可以是任何的一致性规则，唯一不允许的就是随机赋值，因为随机就是没有规则了。而 Kline（2000：87）在批判 Stevens 定义“回避探究经验结构和测量单位”的同时，也肯定了 Stevens 定义“并非一无是处，尤其是在应用领域”，继而也提出“心理学家对测量的认识应该有所提高”。也就是说 Kline 只是因为 Stevens 定义具有较强的实际操作性，才做出一些肯定的评价，而在本质上还是否定 Stevens 定义的。

总之，Stevens 对测量的界定过于简单，尤其是在心理测量领域，心理特质作为测量对象，无法直观地被观察到，需要做出特别的说明和强调。而 Stevens 借鉴了自然科学中成功的测量范例，如长度测量、响度测量，Stevens 似乎认为测量对象是不言自明的，测量活动的开展是基于测量对象的，无需特别说明，因此没有交代清楚首先要明确测量对象是什么、是否可直接观察操作、是否有客观实体与之对应等关键性问题。不管 Stevens 在界定测量定义时是否意识到了测量对象的确定性问题，他的测量定义对于大多数心理测量学家来说，都是极其容易产生误解的。追随 Stevens 测量定义的学者们会将关注点集中在定义中的“规则”“赋值”等关键词上，因此用数字来表达所测的东西，成为心理测量界的主要观点。随之而来的，就是这个测量定义的核心内容被简化和默认为“规则是什么”。这个研究思路的一个严重缺陷就是，忽略了测量对象是什么，而是关注于赋值，对声称要测量的那个东西以数字表示，可以说这种误解（或理解）使得心理测量走了捷径，跳过了测量对象的确定问题，直接追求测量结果的数字表达，看似是在实现测量结果的准确性，但试想如果连测量的是什么都无法确认，准确性又从何谈起？

### 4.1.2　Stevens 创立测量量表理论

除了对心理测量中的“测量”给予定义外，Stevens 对心理测量领域的突出贡献，还体现在他于 1946 年提出的测量的量表理论：

> 从广义上来说，测量可以被界定为根据规则为对象或事件赋值。这种根据不同的规则分配数字的事实导致产生了

不同类型的量表和不同种类的测量。那么这个问题就变得更加明晰起来：（a）存在分配数字的各种规则；（b）结果量表的数学属性；（c）对每一类型的量表中的测量进行统计操作。（Stevens，1946：677）

根据 Stevens 对不同类型量表的划分，他具体提出了四种类型的测量量表，即称名量表、顺序量表、等距量表和比率量表：

量表类型的确定依据基本的经验操作所具备的特征。这些操作是有限的，因为所度量的事物本身和我们对程序的选择都是有限的，但是一旦选择，这些操作就将最终决定量表的类型。（Stevens，1946：678）

可见，Stevens 借助不同的量表类型来理解测量的含义，同时，Stevens 为了体现其提出的测量定义具有较好的可操作性，能够易于被心理学界接受和使用，着重介绍了四类量表的数学特征和统计处理优势。根据 Stevens（1946）的归纳，四种水平的量表性质如下：

**表 5　Stevens（1946）四种量表水平**

| 量表 | 基本经验操作 | 数学结构 | 统计 |
|---|---|---|---|
| 称名 | 确定属性 | X’=f（x）<br>f（x）指任何一对一的情况 | 数量、类型、无需计算的关联 |
| 顺序 | 确定大小顺序 | X’=f（x）<br>f（x）指任何单调递增函数 | 中位数、百分比 |
| 等距 | 确定距离或差异之间相等 | X’=ax+b | 平均数、标准差、序位相关、产出相关 |
| 比率 | 确定比率相等 | X’=ax | 变异的系数 |

上表中 Stevens 对四种量表的刻画，还是很有实用价值的，Stevens 认为只要把某个测量套进这四个水平之一，就算是科学测量了。我们在了解 Stevens 的四类测量量表的基础上，有一点可以明确，那就是在确定了测量对象后，测量活动仍然会处于不同的水平，根据测量对象的具体属性和特征，测量活动依据水平的高低依次分为比率水平、等距水

平、顺序水平和称名水平。可见，并不是只有比率水平的测量才是科学测量，其他三种水平的测量仍然可能是科学测量，因为前提是测量对象已经明确获知，不同的测量水平代表了测量对象的不同特征，以及我们对测量对象的情况掌握的精确程度的不同。

可以看出，Stevens（1946）希望通过对规则、数学属性和统计操作方面的运用，更加具体地体现对心理特质的测量。Stevens 的陈述表明他也许只是认为测量对象早就存在，无需赘述。他提出的测量量表理论把研究者对测量的关注点吸引到了规则和统计操作上，重视在量表上的统计处理。为了体现其提出的量表理论的重要价值，Stevens（1946：680）还竭力表明规则的重要作用：

> 我们最终可以总结，对测量最有意义的定义为“对事物进行赋值能够代表事物的事实和惯例”。将这个问题简略为一个更简单的问题：即规则是什么？数字依据什么规则进行分配？如果我们能指出一系列连续的规则，我们就会很明显地关注于一些类型的测量。大多数情况下，赋值的规则的公式能直接揭示测量的种类和包含量表的类型。如果还是存在一些含混不清的地方，我们可以从量表形式的数学结构中寻找答案。

Stevens（1946）提出的量表理论，可以说是测量活动具体操作中的一项进步，但是由于 Stevens 提出的测量定义过于简单，似乎认为测量对象这个因素不言自明，也可能是 Stevens 没有认识到测量对象的首要地位，总之，在过于简单的测量定义以及富于实践的量表理论的综合影响下，心理测量领域的大多数学者在追随 Stevens 研究主张的同时，主动地忽视了测量对象，而仅仅关注于赋值。

### 4.1.3 Stevens 量表理论影响下的心理测量

Stevens 测量定义与量表理论出现后，很快便被大多数心理学家所接受，同时他们也从量表理论中获得了“解决”问题的捷径。在这种情况下，心理测量在呈现一派成果丰硕局面的同时，也显露出无法回避的缺陷。

### 4.1.3.1 心理测量混淆了“测什么”和“如何测”的问题

科学测量和构想效度研究，其核心都在关注“测什么”和“如何测”的问题，其中测量对象关乎“测什么”这一关键性问题。心理测量学家在关注量表理论的同时，忽略了“测什么”的问题，代之以“如何测”作为研究的核心问题。正如我们之前提到的，Michell（1990）[①] 所批判的那样：“他[②]混淆了两种不同的操作：即测量和数字编码。” Michell 对心理测量现状的批判是有道理的，Michell 的意思是，Stevens 将测量和数字编码这两件事情混淆在一起。测量需要明确测量对象，也就是测量的是什么东西，这是测量活动的前提和保障。而数字编码则不需要探究对象的实质问题，只是对所声称的一种抽象属性简单地赋值即可。可见，测量和数字编码是大不相同的，因此 Michell 批判说混淆这两种操作会“阻碍科学的进程”。

究其原因，现有的研究倾向其实是一个思考上的混乱，而不是简单的失误或错误。心理测量中的“简化”操作主义思想为测量的实际应用提供了很好的便利，因为心理学家可以不再纠结于心理特质是什么的问题，而是根据具体的规则对声称要测的心理属性赋值即可。这种思路和方法为心理测量统计方法的改进提供了契机，研究者们更加倾向于开发

---

① 在心理测量推崇 Stevens 测量定义的问题上，Michell 多次进行了批判和阐述。Joel Michell，悉尼大学心理系荣誉教授，讲授心理测量学和心理学史及哲学两门课程。作为效度理论非主流观点的代表人物之一，近 20 年来对心理测量现状和存在的问题进行了多次讨论，从 1986 年发表的《测量量表与统计》一文，至 2009 年参加马里兰大学主办的“效度概念”研讨会提交的论文《效度中的无效性》，以及 2011 年发表的《定性研究遇到了毕达哥拉斯的主旨》，其主要观点集中在心理测量中所测心理特质的定量问题以及心理测量中测量定义的准确性问题等方面。他对心理测量的现行做法进行了彻底的批判，极力推崇联合测量理论，并提出了定量研究的两大作业。可以说，Michell 多年来的研究具有其独特的视角和领域，他从定量的角度探究心理测量的问题，开阔了心理测量的研究范围和眼界。

② “他”指的是 Stevens。

和引进各种先进的分析模型和运算规则，试图从规则和分析方法上提高心理测量的水平，但是所测的心理特质究竟是什么，仍然没有得到重视和深入探究。

可见，心理测量中的测量定义把“要测什么”与“怎样去测”这两大问题混淆在一起，而在科学研究中，只有在理论上确立“测的是什么”的首要地位，将关乎测量对象的核心问题凸显出来，才有可能实现如经典的物理测量一样的科学测量：

> 因此，心理学虽然具有大量的数字概括程序，可能实际上并不具有真正的测量程序。这个问题只有通过测量理论而不是操作主义来进行判断。（Michell，1990：30）

#### 4.1.3.2 显露的弊端

心理测量学家仅从 Stevens 量表理论的具体操作入手，忽略了对心理特质的探究，仅关注于数字表达形式的赋值，这种做法的后果是很明显的。目前大多数关于智力和人格的思考和研究，虽然为实际应用和实践提供了参考信息，但是这些心理测验是否真正测到了所要测量的心理构想，目前无法给出肯定的回答。正如 Barrett（1997：2）批判的那样：

> 不得不承认，近半个世纪以来，虽然出现了一些关于构想效度的理论重申，实现了测量技术的进步，但是测验理论对理解能力、倾向等心理特质没有贡献多少实质价值。

我们以智力和人格测量为例。心理测量中关于智力和人格结构的研究和争论由来已久。Binet 在 1905 年开发了智力量表，后来出现了 Spearman 的 G 因素，人格的五种因素模型等。这些研究信息来自于一系列测量过程，但是这些测量过程忽略了一个基本要求，即在假设心理变量可测的前提下进行研究，而没有证明假设的成立，也就是证明所测变量是真正可测量的。结果，当前有关智力和人格的论争被 Laming（1997：390）称作“完全的人为事件”。例如假设 A 为某心理测验提供了关于智力和人格的相关信息，这些信息是建立在这个测验能真正测量到智力和人格的假设 B 的基础上的。而这个假设 B，反过来又是建立在人格和智力能被真正测量的假设 C 之上的。因此，最为基本的假设取决于有限的检验。问题是在推理线索上，根据规则给事物赋值是建立在假设心理特质定量的基础上的，如果假设没有得到检验，这个赋值也是值得怀疑的。出现这种现状，“原因就是心理测量学专业利用了测量的一个特殊定义，也就是 Stevens 定义，这个定义使得‘根据规则给事物赋值’这一测量概念毫无意义”（Wallis，2004：104）。

在 Stevens 定义的基础上，智力可以被认为是智力测验所测的东西，这一主张就是从 Stevens 对测量的操作性定义，即根据规则给事物赋值得来。因此，心理测量当前处于这样一种情况，即在尚未明确智力和人格等特质究竟是什么的情况下，通过测验给出的结论，并没有解决核心问题，而是引入了更多的问题。在这里又一次涉及心理构想，也就是测量对象这个第一要素问题，心理测验被用来提供关于“心理的某些东西”的信息，然而声称“某些东西”是定量的这个假设从未被检验和证明过。要想真正获得“某些东西”的信息，必须实施科学的测量。

除此之外，由于心理测量界对 Stevens 定义和量表理论的理解并非准确，学者们依据此界定也仅关注于赋值，对心理构想的研究脱离了现实依据，而仅仅依靠操作。但是，科学研究离开现实依据是毫无意义的。Kline（2000：86）对 Stevens 测量定义的评价是：

> 采用 Stevens 操作性测量定义，就如 Michell 的批判一样，根本没有什么值得研究的。科学家仅仅研究具体操作，而科学放弃了发现外在世界真实性的任务。

然而像 Kline、Michell 这些心理学家那样，将这些错误都归咎于 Stevens 测量定义，我们认为有失公允。虽然 Michell 等心理测量学家已经认识到仅通过赋值操作无法实现对心理特质的测量，但是这种“重赋值轻本质”的现象并非由 Stevens 测量定义单方面造成的，而是由心理属性的特殊性以及心理测量学家理解上的欠缺共同导致的。具体来说，心理测量中的测量对象，也就是心理构想是看不见、摸不着的，本身就难以界定，同时大多数心理测量学家对测量对象这个第一要素缺乏认识，要么如 Stevens 一样默认为测量对象不言自明，要么根本就没有明确测量对象的研究意识，他们在量表理论以及统计方法大力发展的情形下，试图以“量”取胜，形成一种不问何物，拿来赋值的研究倾向，这种方式为后期的数据解释也提供了便利，如果对同一种心理特质进行测量，出现了在不同情况不同方法下的结果不同的现象，则可以任凭主观倾向与判断加以解释，而这种做法是无益于探究心理特质的本质信息的。测量代表了现实世界中一个经验关联体系的数字模型，这个模型的特征必须代表相应的世界。

所以，心理科学不能建立在这样的测量理论基础上。但是我们也应当认识到当前心理测量所进行的测量活动也是有价值的，因为它意味着我们可以将当前的心理测验成果当作研究发展的起点，而不是自身的终结。至少当前的测验是具有预测的实用价值的，毕竟智力和人格测验的开发也是源于实用目的的，而不像 Michell 所认为的“现有的心理测量工具似乎就是一种浪费”的观点那样，毕竟科学的进步需要时间和积累。

### 4.1.4 小结

构想效度研究是依托于测量活动的，对心理构想的探究应遵循科学测量的步骤和程序。因此，心理测量学界有一批研究者从纯测量的角度探讨心理特质的测量问题。Stevens 作为较有影响力的美国心理学家，提出了心理学中的测量定义，以及著名的测量量表理论，他的研究主张受到广大心理测量学家的追随。从 Stevens 的相关论述中可以看到，他的研究并没有直接涉及构想效度的问题，他只是从纯测量的角度提出了四类测量量表，将数学运算和统计技术结合到不同的测量水平当中，试图使测量的操作进一步具体化。Stevens 的这一贡献在突显其积极作用的同时，也误导了大多数心理学家。原因在于 Stevens 界定的测量定义过于简洁，并没有提及测量对象（心理构想）的确定问题，心理学家们在忽视测量对象的同时，结合 Stevens 具有操作性的量表理论，形成了对测量的误解，也就是将测量简化为“规则是什么”的赋值问题，由此出现了心理测量注重赋值，忽视探究测量对象本质信息的现状。

事实上，Stevens 测量定义及其量表理论虽然没有直接涉及心理构想的探索问题，但是他的测量主张直接影响了心理测量界对测量的理解和应用，而心理测量学家对测量对象的忽视就是对心理构想的忽视，所以 Stevens 测量理论间接地影响了心理学家对心理构想的探究，而心理测量学家们追求数字化的赋值方式，也是构想效度研究停滞不前的症结所在。目前在心理测量领域，大部分学者认同 Stevens 定义，还有少数学者认识到了明确测量对象的定量结构的重要性，他们将心理测量的现状完全归咎于 Stevens 定义的误导，其实这样的评判并不公允。我们认为，心理学是在科学研究和科学测量的程序上走了捷径，降低了“测量对象”的地位。Stevens 提出的过于简洁的测量定义，得到诸多心理学家的认同和支持，体现出当时整个心理测量界对科学研究和科学测量相关知识的缺乏和无视，大家欣然接受这个看似合理又便于操作的测量定义和量表理论。

与心理测量不同的是，绝大多数的硬科学（例如物理学）研究领域，测量活动的第一步就是明确测量技术在“探寻什么”，也就是说，要确定测量技术测量了什么。只有完成了这一步，测量技术才能被广泛地应用。而心理测量则明显地跳过了这一步。除了接受 Stevens 测量定义，心理测量还利用效标关联效度，以及操作主义方法，淡化对界定测量对象的要求。

总之，Stevens 的研究对心理测量学家产生了巨大影响，从而也间接地影响了学者们对心理构想的关注，而 Stevens 本人并没有意识到这一点，他省略了测量活动的首要步骤——确定“测量了什么”，着力于对心理特质进行定量表达，根据规则加以赋值。事实证明，他多年的研究并没有真正解答“测量了什么”这个问题，所以也没有实现对心理构想的探究和科学测量。

## 4.2 Michell 开创定量科学的两类作业

Michell 可以说是心理测量领域异军突起的一名心理学家，他从测量和定量的角度探究心理特质的定量结构，从 20 世纪 90 年代初至今，发表了大量的研究著作，而其研究的初衷和核心问题仍然可以归结到构想效度探究上来，我们认为 Michell 是构想效度研究中的非主流力量①，他的研究主张是在批判 Stevens 测量定义的基础上展开的。

### 4.2.1 关于定量的基本概念

#### 4.2.1.1 广延量和内涵量

提到定量结构，一定要了解广延量和内涵量这一对概念。广延量是指一种变量可以实现叠加操作，即整体的值是两个（或两个以上）部分值的和，比如长度、体积、质量等性质的变量，整体都是部分之和。我们最为熟悉的例子如 1m+1m=2m（长度），1g+1g=2g（质量），1ml+1ml=2ml（体积）等。相反的，内涵量则无法实现叠加操作，内涵量表现出来的是整体的值和部分的值相等。比如压强、温度、密度，等等，每一部分的值都与整体相同。温度就是典型的内涵量，四杯 25 度的水混在一起不会变成 100 度的开水，仍然是一大杯 25 度的水。

由此，对广延量的测量就是广延测量，对内涵量的测量就是非广延测量。广延测量是定量研究的最初方式。广延测量是人类最早获得定量信息的途径。通常情况下，广延测量通过找到连接测量对象的方法，能够直接地反映出变量的可加结构。例如，将 4 根一米长的木棍首尾连接起来，就会得到 4 米的测量结果。典型的广延测量包括质量、时间、电阻等测量。

非广延测量是对无法进行叠加操作的属性的一种测量。温度测量就是典型的非广延测量。我们无法像测量长度那样，将 20 度的水混入 40 度的水中，然后宣称得到了 60 度的水。但是，温度测量虽然非广

① 我们认为，构想效度的主流观点是以 Messick、Kane 为代表的效度理论，这部分内容将在第五章做出具体阐述。

延测量，物理学界已经确认了温度的定量结构，实现了对温度的定量表达。

关于心理特质（如智力或语言能力），目前我们只能隐约感觉到这种特质的存在，如同对温度的感知一样，但是心理特质是否存在客观实体与之对应，来证明心理特质的客观存在，这个问题一直困扰着心理测量学界，尚未得到解答。可以说，关于心理特质的定量结构问题应当在确认心理特质客观存在的基础上进行，或两者同时进行。如果贸然将心理特质认定为同温度一样具备定量结构，进行非广延测量，就不能成功地实现对心理特质的测量。

#### 4.2.1.2　可直接观察变量和不可直接观察变量

在提及一个变量时，我们经常说该变量可以直接观察或不可直接观察，那么就需要解释一下这一对相关概念。

可直接观察变量是指可肉眼观察的变量，例如长度就是可直接观察的变量。相反，不可肉眼观察和感知的变量就是不可直接观察变量，例如质量、电阻、压强、密度、温度[①] 等都是不可直接观察变量。

在此可以发现，一个变量是否可直接观察，跟该变量是否是广延量无关。上文列举的例子中，长度可以直接观察到，也属于广延量，而质量和电阻都不能直接观察到，但是也属于广延量。内涵量中包含的温度、密度和压强都不能直接观察和感知到。从这一对概念中我们认识到，判断一个变量具有何种定量结构，并不在于该变量是否可以直接观察和感知，而是要根据该变量是否真实存在并且根据它的本身属性来确定。显然，心理特质属于不可直接观察的变量。

#### 4.2.1.3　直接测量和间接测量

既然心理特质属于不可直接观察变量，对它的测量方式也不可能是直接的，而是间接的测量方式。直接测量的特点是不需要对被测量对象

---

① 温度虽然可以被人体感知，但是每个人的感知程度都是不同的，不像长度那样直观地被观察和感知到，因此温度同样属于不可直接观察变量。

与其他实测的量进行函数关系的辅助运算，因此测量过程迅速。间接测量则要求测量与被测物理量有确定函数关系的量，通过函数关系表达式运算，得到所需的被测物理量。所以那些无法直接观察的变量都需要通过间接测量获得测量结果，而间接测量要求找到与变量相对应的可实测数据，并在二者之间确定函数关系。这个过程不仅是对被测变量的定量探究，同时也是对该变量客观存在的证明。

## 4.2.2 科学的定量作业与工具性的定量作业

### 4.2.2.1 定量作业的两种类型

Michell 认为，心理测量所推崇的 Stevens 测量定义，忽略对测量对象的研究，同时省略了对心理属性的定量结构的探究，仅仅是在假设心理属性定量的基础上进行赋值，这一研究思路不符合科学研究的逻辑。如 Michell（1990、1997、1999、2000、2004、2008）在多处论述中指出，心理学家们假定，他们试图去测量的心理属性是定量的，然而却没有对该答案做出经验性研究，Michell 的观点是，根据科学要求，"用假定代替检验无疑是一个错误"。

Michell（2000、2004、2008）甚至把心理测量称为"病态科学"，指出心理测量学的病状就是"一个假说未经检验就被接受了，并且这个错误也被忽视掉了"，Michell（2000：660）分析认为：

> 早期的定量心理学家声称测量的时候，他们是用"测量"这个词来为政治、经济社会需要等方面服务，而不是为了科学服务。

由此 Michell（1997）从另一个角度提出建立定量作业的两种类型：

> ……科学的定量作业（scientific task of quantification）是指在逻辑上经验地研究相关特质是定量的这一假设。第二，工具性的定量作业（instrumental task of quantification）用来设计程序，测量定量特质的测量值。

Michell强调探究所测心理特质的组成结构，是一项首要任务，科学的定量作业就是需要证明心理特质定量的假设成立，这是开展工具性的定量作业的前提，科学的定量作业是工具性的定量作业的前提和保证。

Michell认为，那些接受Stevens定义的人因为没有理解科学的定量作业的重要性，结果直接运用了工具性的定量作业（Michell，2000：650）。Michell（1999：67）还举了温度计的例子：

> ……例如使用一个普通的温度计来测量温度。在一个具体的温度范围内，可以发现，温度的变化与液态水银柱的高度有线性关系。通过这种方法，可以认为通过对长度的测量来测量温度是可行的。

Michell试图通过这个例子来直观地说明在执行工具性的定量作业之前，应发现可直接操作的变量（长度）与不可直接操作变量（温度）之间的数量关系（线性关系），这样才能完成对科学的定量作业的研究。至此，关于温度测量的例子我们已经很熟悉了，之前Cronbach和Meehl也提到过，现在Michell又拿来举例，我们有必要将这个问题再详细说明一下。在这里，Michell其实就是列了一个间接测量的例子，在间接测量中，无法直接测得的变量，需要与可以直接测得的变量相关联，找到二者之间的特定数字关系（定律关系），正如Michell所说的“温度变化”与“水银柱高度”之间的“线性关系”一样，至此我们就可以间接测到需要定量的变量了。但是Michell本人并没有从测量的基本概念角度清楚地说明其原理与本质，只是通过温度计的范例大致表述了心理特质的测量方式，而且他的表述有些含混不清，总体来看，Michell强调科学的定量作业的重要性是对的，只有实现科学的定量作业才能进行下一步的工具性定量作业。

#### 4.2.2.2 Michell定量研究的具体思路

在明确科学的定量作业的重要地位后，如何实现这个作业，Michell

认为，实现科学的定量作业，首要任务是“研究潜在特质的结构”（Michell，2002、2006）。Michell（2002：1008）强调“只有明确了潜在特质的结构，才能得到恰当的测量量表”。此外，对当前心理测量中常用的一些统计方法，如因素分析、项目反应理论等，Michell（2002：1009）也表达了一些看法：

> 那些如因素分析、多维标度法等研究方法，在探究潜在特质的定量结果方面都不是中立的。它们假设潜在特质是定量的，然而这些方法的应用都不能对提出的假设做出验证。因此假设的真实性必须独立地建立起来。

可见，Michell主张先对潜在特质的结构和性质进行独立的研究，避免将有假设倾向的验证方法与研究相混淆，从而误导研究目的和检验结果。

为了做出更为详细的说明，Michell（1997）还举了一个例子：

> 尽管我们发现在某一特定测验（如测验A）上的表现可以用来预测一些标准（如在训练课程X上取得的成功），但是这件事情本身并不是应用科学。A能预测X这一发现是提出了一个科学问题，它并不能解决任何关于应用一个完美的科学理论去解决一个实际问题的情况。这个科学问题被这样一种发现提出，即：为什么在A上的表现能预测在X上的表现？为了试图回答这个问题，心理学家可能会提出一个理论就是测验A测量了智力能力I，并且I反过来成为在X上形成的表现的原因。这是一个非常合理的构成理论的方法，但是它仅是一个可能的理论，仍然需要经过经验地研究。

Michell通过给出的这个例子说明了他的观点，即对智力能力的测量关键在于确定智力能力具有定量结构。我们将Michell的上述例子以图示表示如下：

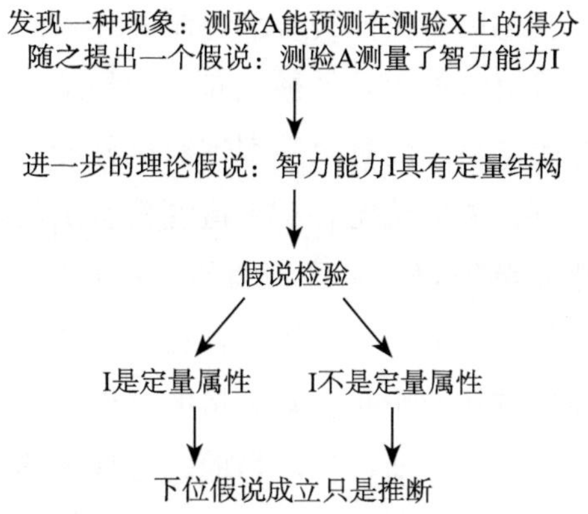


**图 7　Michell（1997）的例子**

根据 Michell 的阐述，通过看到 A 能够预测 X 这一现象，提出一个理论假说，即 A 测量了智力能力 I，要想使这个假说成为理论，Michell 强调必须对其进行假说检验，证明“能力 I 是一个定量的属性”，否则“A 测量了 I 就仍然是个推断”。整个分析就是构想效度关于证明一个理论有效的过程，从这一点上来看，Michell 的研究从根本上看就是探讨心理测量中的构想效度问题。通过流程图示，我们发现 Michell 的出发点是好的，但是他的研究思路中隐含了一个错误或者说思考上的混乱，这就是假设的心理特质是否存在，以及该心理特质是否是定量的，这是两个问题，需要分别确定和探究，Michell 却将二者混为一谈，在 Michell 的阐述中我们发现，他在没有确认智力能力 I 存在一个与之对应的客观实体之前，就假设能力 I 是定量的，也就是说，在尚未确认能力 I 真实存在时，就研究能力 I 的定量结构。如果能力 I 没有客观实体存在，一味探究这个能力的定量结构又有何意义？所以，Michell 的研究跳过了“确定能力 I 是不是一种客观实体”这个关键环节，直接开始第二步——探究定量结构。如果不强调能力 I 是不是客观实体，那么过去的和现在的智力测验、语言测验等均满足 Michell 提出的要求——智力或语言能力是定量的属性。因为智力或语言能力的高低表现为答对题目的多少，答对 1 个题就有 1 份能力，答对 10 个题就有 10 份能力，因此该测量达到了比率水平。

如果是这样，我们一直关注的心理特质的测量问题似乎就迎刃而解了，但是如果智力或语言能力就是被试对题目的反应，那么又出现了下一个问题：什么样的题目才能有效地实现对这种能力的探测呢？我们知道测验题目成千上万，如何确定答对 1 道题就有 1 份能力？这些问题显然无法回答，而根本问题仍然是因为与能力相对应的客观实体的缺失。只有已经确认存在且定量的客观实体的存在，才能证明能力的客观存在以及定量结构。显然题目并不是已知定量的结构，也无法代替客观实体成为研究能力存在的证据。所以说，目前的心理测验中心理特质是否客观存在以及是否具备定量结构这两大难题仍然有待解答。

具体到 Michell 的论述，可以看出在确定特质是否定量的具体实现问题上，Michell 没有清楚地说明如何操作这一验证过程。如何证明“能力 I 是一个定量的属性”？实际上，在探究定量结构之前，首先应当找到心理特质反映在外的客观实体。我们以下表来直观地表达科学的定量作业所应承担的任务：

**表 6　科学的定量作业包含的内容**

| 测量对象 | 相应的可见实体 | 可见实体是否定量 | 对象与实体的关系 |
|---|---|---|---|
| 温度 | 水银柱高低变化（长度） | 是 | 线性关系 |
| 心理构想（如语言能力） | 尚未找到 | 未知 | 未知 |

可见，科学的定量作业，包含了对测量对象的可见实体的要求，以及需要确定可见实体的定量结构，找到测量对象与可见实体之间的数量化关系，这三大内容正是构想效度研究所必须遵循的研究程序。

4.2.2.3　小结

Michell 从定量的角度揭示了 Stevens 测量定义的缺陷，指出 Stevens 测量定义回避对测量对象（心理构想）的探究，关注于单纯地赋值，导致心理测量以开发统计技术为主导的发展倾向，至于赋值的对象，则鲜有人问津。在关于定量研究的问题上，Michell 提出建立定量的两类作业的提议。根据 Michell 的介绍，定量的两类作业分别为科学作业和工具性作业，其中，科学作业的研究目的是检验心理特质为定量这个假设成立，工具性作业则是在科学作业完成的基础上，具体地测量心理特质的值。根据 Michell 的阐述，科学作业是第一位的，科学作业是工具性作业的前提条件。可以说，Michell 提出的定量的两类作业，尤其是科学作业，对于心理特质的探究是具有进步意义的。Michell 强调定量科学作业的首要地位，体现了 Michell 对心理特质是否具有定量结构的关注，但是我们应该看到，Michell 跳过了确定心理特质是不是一种客观实体这个第一步骤。实际上，对心理特质的探究在本质上与构想效度研究是一致的。通过 Michell 在科学的定量作业方面所列举的关于确定智力能力定量结构的例子，可以看出，Michell 对科学的定量作业的认识以及研究过程，与 Cronbach 对构想效度研究过程有相似之处。这两个研究过程都包括了根据观察现象，提出一个研究构想，然后根据构想推导出可以测验的假说，并且对假说进行检验，根据检验结果得到假说是否成立的结论。所以说，Michell 虽然是从定量的角度探讨心理测量中的核心问题，但是同样也涉及构想效度的研究，也就是说，Michell 是从测量的角度探讨了构想效度的问题，其优于 Stevens 之处在于注重心理特质的定量问题，从探究心理特质的定量结构方面入手，并在理论上提出定量的两类作业，试图指导对心理特质的定量研究，为构想效度研究开辟了新的视角。然而 Michell 的研究缺陷也十分明显，他与 Stevens 一样都忽略了对心理构想的客观实在性的证明。

## 4.2.3 Michell 定量研究思想的成因

### 4.2.3.1 Michell 过分强调广延量的特征

Michell（1990：4）在批判 Stevens 测量定义的基础上，进一步强调所测变量的定量特征：

> 为了显示一个变量是定量的，就要表明它具有一个特定类型的构造：它的变量水平之间存在相互关联的有序性和可加性。

至于如何确定一个变量是定量的，根据定量结构的特定构造，以及测量的范例——长度测量的特点，Michell（1990：12）建议：

> 假设智力能力或感觉强度中的变量是定量的，然后来推测它们具有跟长度相似的可加结构。

可见，在智力能力等心理变量的定量研究问题上，Michell头脑中是以长度测量为范例的，他试图将心理变量向长度定量靠拢和比较。根据上文对定量相关概念和定义的介绍，我们可以明确，长度是广延量，可以实施叠加操作，具备可比和可加的定量特征。而智力能力不能进行叠加操作，显然不是广延量，而属于内涵量。虽然智力能力与温度的情况相似，但我们首先要确定智力能力是否像温度一样客观存在，找到与之对应的可见客观实体代表智力能力的存在，然后根据已知情况推断智力能力的定量结构，而不是像Michell那样主观地认定智力能力需要像长度那样才算是定量的。因此，Michell拿长度与心理特质做类比本身就是不恰当的。

我们认为，如果像Michell所设想的那样，假设智力能力是定量的，那么应该从已知的定量研究范例中寻找研究思路，认识到长度、温度之类的已知定量都有与之对应的测量对象，这样可依据客观存在的实体的性质进行判断，而心理特质则不同，代表心理特质的客观实体尚不明确，所以这个特质的性质也无从知晓。而Michell在未曾确定智力能力客观存在的情况下，试图将该特质与广延量相联系，这一做法是不科学的。首要前提应是证明智力能力客观存在，且对其性质有所掌握。所以，Michell（1990）试图将心理变量向长度定量靠拢的设想不切实际，没有道理。可见Michell本人对这两种定量的理解并不十分清楚，尤其是对温度这类的内涵量的确定规则并不理解，这些都导致他对智力能力等心理变量的归类和定位不准确。可以认为，Michell在其模糊不清的认识下，顺势将长度测量这一测量的经典范例照搬过来，毫不关注心理变量与长度之间的巨大差异，生硬地将心理变量的研究拉向长度测量这个典范。于是，Michell在“推测它们[①]具有跟长度相似的可加结构”的思路的指引下，不去探究“智力能力”这一测量对象究竟是什么，具有怎样的定量结构，而是默认为智力能力如长度一样，无需关注其究竟是什么，直接关注智力能力满足怎样的条件，才能作为可以测量的变量。我们认为，这可以说是Michell的一个不切实际的理想，正如接下来提到的可加关系一样，都是需要进一步证明的，而不是想当然地得到。

#### 4.2.3.2 Michell过于强调比率关系

Michell从定量的角度提出定量作业的两种类型，通过分析Michell的论著，我们发现Michell过于强调比率关系。第一，Michell坚信只要科学的定量作业得以解决，就说明特质是可以测量的，那么测量值之间就存在比率关系，这种比率关系是“通过需要定量的特质和已经定量的特质之间的关系来实现的”（Michell，1997）。值得肯定的是，Michell强调比率关系的获取途径是正确的，将有待探究的特质与已经定量的特质之间的关系进行联系，通过已经定量的特质来确定未知特质是否定量。但是，这两种特质之间应形成怎样的关联，才能证明未知特质定量呢？Michell没有将这个问题说清楚，含混的概括无法给读者一个明确的答案。我们从Michell给出的温度测量的例子中来说明这个问题。Michell（1997）指出“温度的变化与液态水银柱的高度有线性关系”。通过这种方法，“可以认为通过对长度的测量来测量温度是可行的”。在这个具体的例子中，可以看出温度是需要定量的特质，长度是已经定量的特质，通过发现温度与水银柱高低的线形关系，也就是温度和长度二者之间存在规律性的数量关系，通过这种数量表达式，就可以说明温度是定量的，因为它与长度这个定量的特质存在着数量关联。至此，我们认同Michell提出的“通过需要定量的特质和已经定量的特质之间的关系”这一途径来完成对特质的定量证明，并且强调找到二者之间的固定的数量关系，从而实现通过定量的特质来证明目标特质定量的目的。而Michell没有把这种关联说清楚，容易引起误解和混乱。

① “它们”即智力能力

第二，Michell 把实现比率关系看作测量的最重要标准，认为只有比率测量才是科学测量。Michell 的大量论述表明，他的想法是只有实现比率量表测量，心理学才能成为真正的科学。他试图将所有的心理测量都比照长度测量的模式进行，找到心理特质的定量结构，确定其零点、单位，并且实现比率测量，只有达到这些条件，才算是实现了科学测量。对于顺序测量，Michell 明确表示是不认同的，至于等距测量，Michell 没有专门表述，但是他注重强调实现比率测量，找到测量值之间的比率关系。我们需要明确指出，Michell 的这种想法是错误的，无论是物理测量，还是心理测量，都存在着不同的测量水平，并非所有的物理测量都达到了比率水平，也不是所有的心理测量都只处于顺序水平。以物理测量中的温度测量和硬度测量为例，这两种测量已经被确认为科学测量，但是温度测量是在等距量表上实现了科学测量，硬度测量是在顺序量表上实现了科学测量，并非只能达到比率量表才是科学测量。正如 Laming（1997：391）所说的那样：

> 测量仅指比率测量，这等于将绝大多数的心理学家的观点抛开，因为很多心理实验都是顺序或类别测量……大多数的心理测量数据都来自于对刺激的反应，但是并不意味着心理学不是科学，也不能表明对数据的处理是武断的。

所以实现科学测量的首要前提，是明确测量对象，并且能够通过已经定量的特质来证明测量对象的存在或者存在且可定量。

总之，心理测量中至关重要的问题，就是心理特质是不是实体，以及找到所测的心理特质和与之相对应的实体之间的数量关系（如数学表达式）。正如 Michell 所说，“实在性需要通过定量的特质和已经定量的特质之间的关系来完成”①，也就是通过已经定量的特质来证明未知特质是否存在且定量，而两者之间的关系纽带就是固定的数量关系（定律表

---

① 虽然我们同意 Michell 的这一观点，但是通过分析我们认为 Michell 本人并没有完全理解这句话的含义，因此也没有彻底弄清楚该如何实现对心理构想的测量。

达）。目前普遍存在的心理测验形式，例如语言测验，测得的被试对题目的反应与语言能力之间的关系，并不能算是科学测量。因为语言测验尚有许多问题没有给出答案：首先，语言能力是什么？是否有客观存在的生理机能或物理机制与之相对应？其次，如果存在生理机能或物理机制，它们与语言能力之间又是如何关联的？第三，目前使用记录被试答题反应，用答对题目的数量来记录语言能力的方法，但是测验题目虽然客观存在，其形式多种多样，从而导致针对同一心理特质的不同测验得分之间无法进行比较，被试答题反应与心理特质之间的固定数字关系无法确立，更不能进行相加操作。同时，题目作为刺激物，产生的反应效应也是不确定的，例如多项选择题的效应和填空题的效应，孰好孰坏目前并不十分明确。另外，还有误差的存在，对于同一道题目，被试答对了也不能确定他具有了这种特质；反之，答错了也不能断定他就不具备这种特质。因此，目前的心理测量距离测量的要求还有很大的距离。

#### 4.2.3.3　小结

上义提到，Michell 作为一名心理测量学家，从定量的角度对心理测量中的效度问题进行了长期的探讨，并发表了大量的论述。从 Michell 的论著中，我们发现他在批判 Stevens 测量定义，从定量的角度提出对心理特质定量结构的研究，力求证明心理特质定量结构的存在，以便开展下一步的测量活动。

基于以上对 Michell 的相关研究的分析，我们对 Michell 的研究有了更为全面的认识：第一，Michell 没有认识到心理测量本质上是以反应为中心的测量，是需要测量被试对于刺激物的反应。这一明显的错误表明 Michell 对心理测量的本质及其自身的特点没有完全理清，存在理解上的混乱。第二，Michell 盲目崇拜物理测量，头脑中仅呈现长度测量这一典范，并以此来类比心理测量，而忽略了物理测量中大多数的定量变量也是通过间接测量实现的。Michell 的思考角度和立场只局限在了直接测量的范围内，只求如长度那样直观的定量，而没有考虑间接测量的复杂和困难，说明了 Michell 对定量科学发展的认识不够准确。

总之，Michell 提出定量作业的两种类型，试图将心理变量的定量研究向物理测量靠拢，是一种研究思路上的进步，对心理测量的研究很有启发意义；但是 Michell 的论述也暴露了他自身对科学测量知识掌握的欠缺，理解存在不当之处，虽然 Michell 多年来致力于从定量的角度研究心理测量，但是仍然忽视了心理测量的核心问题，即对心理构想（测量对象）的实在性的探究，在测量对象尚未明确是否存在的情况下，其他的研究行为都将无法获得成功。因此，Michell 在定量科学上的一系列研究注定无法获得突破性的进展，这些方法都无法解决心理构想的实质问题。

## 4.3 张凯对心理构想的进一步探究——区分两种测量

### 4.3.1 探索性测量和应用性测量

在心理测量学界，针对构想效度的研究，除了 Michell 从定量的角度提出定量作业的两种类型以外[①]，张凯（2004）区分了两种测量，即探索性测量和应用性测量。张凯认为“只有探索性测量才是理论的组成部分，而应用性测量仅仅是理论的产物。心理测量和语言测验至今仍未走出探索阶段，所以两种测量总是混在一起的，误解和混乱由此产生”。关于这两种测量，张凯（2004：11）均给出了具体的解释：

> 所谓探索性测量，就是建立理论（尽管不是所有理论）、证明假说所必需的测量。在建立理论的过程中，我们通过测量获得各种必要的数据，如果这些数据之间的关系最终服从一个数学公式（有时是概率的），我们就得到了一条或几条定律。建立一个新的理论本质上是探索未知领域……

① 虽然 Michell 本人并未提及构想效度研究，但是我们认为 Michell 的研究属于构想效度范畴。

> 定律得到证明，理论建立起来之后，另一种测量就出现了。如果理论发现了一条重要的客观规律，而这个规律在生产和生活中又很有用处，相关的测量就会被反复应用，这就是应用性测量。所谓应用性测量，就是测量的实际应用。

同时，张凯还明确地将科学测量问题与构想效度理论联系起来，强调探索性测量是证明构想效度理论有效的一个重要组成部分。下图为张凯（2004：10）列举的电阻测量和心理测量所处的不同发展阶段：

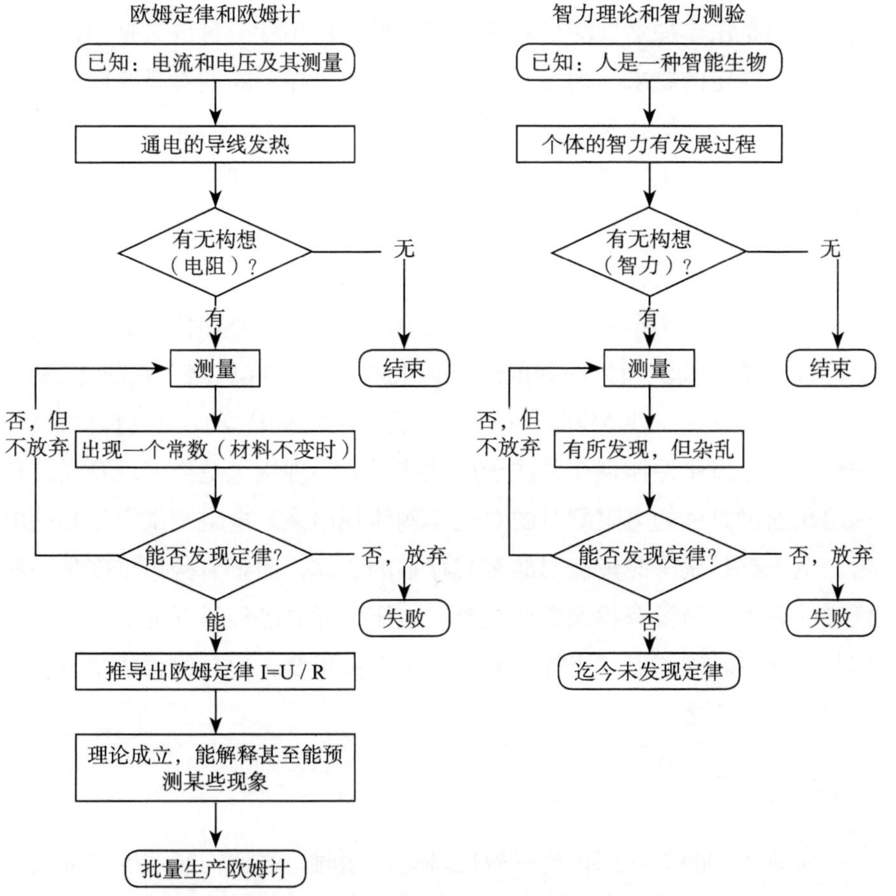


**图 8 张凯（2004）电阻测量与心理测量的对比**

我们从以上引文和图示可以看出，张凯明确地强调了数据之间的定律关系，他认为在探索性测量过程中，需要找到相关数据之间的一个数学公式，得到一条或几条定律，这种清楚的表述有助于我们理解探索性测量的要求和标准，可以说形成定律是探索性测量不可缺少的条件之一。

再来看图示中的心理测量，目前关于智力能力的定律尚未找到，而且与智力能力构想相关联的已知存在且定量的变量也没有确定，因此，正如张凯所示，目前的智力理论和智力测验的应用价值“有，但聊胜于无”。目前的状况是，在心理测量中，探索性测量和应用性测量在同时进行，但是由于探索性测量尚未实现，导致应用性测量也只是尝试，都没有达到既定的要求。因为探索性测量虽然也在不断地对研究假说进行检验，但一直未能找到已知定量的变量与心理构想之间的定律表达，而在探索性测量尚未完成的情况下，迫于社会需求和其他各方的压力，应用性测量早已进行，导致心理测量看似已经发展成熟，其实在测量的科学性方面进展缓慢。

从以上两个图示可以看出，张凯（2004）在对心理特质的测量问题上，提出了比较清晰且明确的观点以及具体的研究思路，张凯（2004）提出的探索性测量比 Michell（1997）提出的定量科学作业更具科学性。我们认为其进步性体现在关注于所欲测量的心理构想是否客观存在，这一思想通过具体的电阻测量的对比实例体现出来。电阻测量中已知的电流、电压都是获得测量证明的客观存在的实体，而智力构想仅仅是一种模糊的表现，尚没有找到类似电流、电压一样的已经得到证明的客观实体与之对应。这一点对于探究心理构想至关重要，也是构想效度研究所要关注的焦点之一。

### 4.3.2 小结

张凯（2004）在探讨构想效度理论问题时，强调构想效度是证明一个理论有效，那么在这个过程中，测量是必不可少的一部分。因此，对比自然科学（物理学）中已经实现的科学测量，张凯提出了探索性测量和应用性测量两种测量。其中，探索性测量是第一位的，它是应用性测量的前提和基础，只有探索性测量成功后，才能实现对所测特质（心理构想）的科学测量，其表现方式就是通过找到已经定量的特质与心理特质之间的数量关系，来实现对心理特质的定量表达。

张凯鲜明地将构想效度研究与科学测量联系起来，并对构想效度的具体测量活动进行了详细的阐述。在构想效度研究的测量视角方面，他比 Stevens、Michell 的研究更为深入的地方在于：第一，张凯是有意识地从测量角度把对心理特质的测量与科学测量紧密联系起来，通过类比找出差距和不同。而本章提及的其他几位学者的论述中很少见到“效度”和“构想效度”的字眼（除 2009 年 Michell 在效度论坛中的论文外），实际上这些学者从测量角度对心理特质的定量探究，其本质属于构想效度研究。正是因为这几位学者没有主动地将构想效度与测量相关联，因此他们的研究论述缺乏如张凯那样的针对性和明确性。第二，张凯抓住了心理测量需要解决的第一要务——确定心理特质的真实存在，找出与之相对应的实体，并以电阻测量为例给出明确的研究思路和环节。而其他诸位学者则抛开了这一要点，默认心理特质已经存在，集中关注于对心理特质定量结构的探究，并在这种思路的基础上开创了联合测量理论和定量科学的两大作业。第三，在阐述问题的具体性、透彻性方面，几位学者也存在一些差异。张凯结合物理测量的实例，更为直观地呈现心理测量与科学测量（如物理测量）之间的差异，并指出心理测量的发展方向。相比较起来，其他几位学者的论述比较笼统和抽象，没有具体的解决方案，略显空泛，缺少针对性，尤其是 Michell 根本就没有说清楚科学作业是什么以及该怎样做，并存在不少概念理解上的错误与分析方法上的缺陷。

总体而言，以上提及的三位学者都认识到了探究心理构想的定量结构的重要性，并且分别进行了阐述，这一点在心理测量领域是一大进步，对于心理测量的发展和改进是有积极作用的。但是，如何实现科学作业或者探索性测量，则是一个更为艰难的任务和课题，需要下一步不断地探索和实践，学者们为我们提供了很好的研究思路和课题，值得进一步深究，这也将是我们下一步要尝试探讨的问题。

## 4.4 本章总结

效度是衡量测验的重要指标，而构想效度理论的提出，更是强调了对心理构想理论的有效性的证明，也就是说，心理测验应当对心理构想进行科学、准确的测量，实现对构想理论的证明。可见，构想效度的提出，是采纳了自然科学的研究视角和研究思路，来解决人类心理特质的测量问题，因此就需要心理测量的研究者和使用者排除一切主观的和价值判断等内在和外在因素，从测量本身寻求问题的答案。但是心理测量在长期的发展过程中，在不同的环境和社会背景下，并不像其最初的设想那样遵循科学测量的研究轨迹。

我们发现，有些心理测量学家忽略了去探索心理构想的组成以及与之相对应的可见实体，从而证明心理特质是客观存在的，而是在统计赋值等细节操作上，竭力为心理测量学事业贡献新的理论和研究思路。例如有的心理学家可能以为心理特质作为测量对象是不言自明的，无需专门提及和研究，像 Stevens 在心理测量中的著名测量定义“测量就是根据规则给事物赋值”，就不必再强调测量对象的首要地位，似乎这个事实早已确认。然而 Stevens 的这一测量定义使得绝大多数心理学家将“测量了什么”这个最根本也最核心的问题抛在了脑后。Stevens 创立的测量四大量表理论，进一步细化了测量的不同类型，并将数学结构、统计运算与测量的不同类型相结合。值得肯定的是，Stevens 量表理论在具体应用方面具有一定的进步性，但也应注意到 Stevens 量表理论更多地是被心理学家所误解。许多心理学家在盲目学习和追随 Stevens 研究成果的同时，彻底忽略了明确测量对象的问题，在心理特质是否存在尚不明确的情况下，他们头脑中集中关注的是利用量表理论进行赋值的过程，于是出现了心理测量中忽视构想，关注赋值的错误研究倾向。事实证明，心理测量学领域多年的研究并没有真正解答“测量了什么”这个问题，所以也没有实现对心理构想的探究和科学测量。

既然 Stevens 测量定义并不能实现对心理特质的探究和测量，尤其是 Stevens 忽视了探究心理特质是否客观存在，以及该特质是否定量这两大赋值的前提条件，直接关注赋值环节，这种做法在科学研究中是不正确的。Kline（2000：637）将 Stevens 操作性定义理解为："Stevens 认识到很难得知测量单位究竟是什么，于是他回避了这个问题。"这一分析并不到位，Stevens 回避的问题是心理特质究竟是什么的问题，而测量单位则是需要人工设定的标尺而已。心理测量学自建立以来，就以自然科学研究为典范和目标，试图从自然科学的证明体系中获得思路和方法，实现对心理特质的测量和证明。在这种思路的引领下，澳大利亚心理学家 Michell 在批判 Stevens 测量定义的基础上，从定量的角度提出建立定量作业的两种类型：科学的定量作业和工具性的定量作业。Michell 强调科学的定量作业就是需要证明心理特质定量的假设成立，科学的定量作业是工具性定量作业的前提和保证。实现科学的定量作业，首要任务是"研究潜在特质的结构"。可以说，Michell 提出的定量作业两种类型，尤其是科学的定量作业，对于心理特质的探究是具有进步意义的。Michell 强调对心理特质是否具有定量结构的关注，而不是像 Stevens 一样认为特质的定量结构不言自明，无需专门检验和证明。但是我们应该看到，Michell 也跳过了确定心理特质是不是一种客观实体这个第一步骤。

由此，我们发现以上几位学者都抛开了证明心理特质客观存在这一要点，而是默认心理特质已经存在，集中关注于对心理特质定量结构的探究，并在这种思路的基础上开创了定量作业的两种类型，并且他们的论述都比较笼统和抽象，没有具体的解决方案，缺乏针对性。而心理测量领域认同 Michell 等人观点的大有人在，例如 Wallis（2004：107）的表述为：

> 遵从 Michell（1997）的科学作业和应用作业，将确保一种新型的，准确测量的应用，并最终将取代现有的测量。

Kline（1997：385）以及 Laming（1997：389）都认为"Michell 的观点应该得到支持"。即使出现对 Michell 的批驳，也仅仅表现在学者对统计技术的关注上，Lovie（1997：393）表明：

> 坚决反对Michell这篇文章所采用的陈旧的实证主义和经验主义的思路。Michell没有深入研究心理测量统计中的重要问题，而是关注一些陈旧的、肤浅的道德问题。

可见，心理测量学界对心理特质的探究方面，与科学研究的要求和标准相距甚远。当前心理测量研究中的重大缺陷——对心理特质客观实在性的忽视，已经被发现和提及。张凯（2004）提出了探索性测量和应用性测量。我们认为，张凯在对心理测量的逻辑顺序的理解上是对的，在大多数心理测量学家忽略测量对象的实在性时，他强调了研究“要测什么”的重要性，同时强调测量在科学理论中不可或缺，探索性测量要找到数据之间的定律关系，同样是对心理构想的定量研究。可以说，张凯提出的两种测量，与当前心理测量的惯用方法相比较，是一种新型的思路，也是更为科学的研究方法。

事实上心理测量早已经假定心理特质是定量的了，只不过没人给出令人信服的根据。[①] 我们仍需在心理特质被证实客观存在后，才可能得到对其具备定量结构的证明。用张凯（2004：13）的话来说，就是“心理测量和语言测验至今仍未走出探索阶段[②]，所以两种测量总是混在一起的，误解和混乱由此产生”。

---

① 笔者与导师张凯教授讨论时，他提到的观点。

② 这句话隐含的意思是：证明心理特质客观存在且可定量。

# 第 5 章

# 构想效度研究的社会学视角

我们在第四章从测量的角度探讨了构想效度问题，指出构想效度研究就是要实现对心理构想的科学测量，其中明确心理构想这个测量对象的客观存在是至关重要的第一步，也是最为困难的研究任务。到目前为止，心理测量界虽然为此做出了很多努力和尝试，包括引入数学统计模型，尝试借鉴公理化的测量理论，提出定量探索的新理论等，但是大多都关注于“如何赋值”和“如何证明定量”，而忽视了“为什么东西赋值”这个定性和定量的结合问题，也就是“为什么东西”定量和“为什么东西”赋值。正因为这样，我们可以说心理测量界从测量角度对心理构想的探究并没有获得突破性的进展。需要说明的是，Stevens、Michell 等人所进行的心理测量研究虽然没有以“构想效度”的名义进行，但是其实质就是对心理构想的探究，由于这类研究不是以“效度”名义开展的，我们将这类研究称为效度的“非主流研究”（relatively divergent）。与之相对应的，则是效度的“主流研究”（relatively mainstream）领域。效度的主流研究首先是明确地以“效度”名义进行的研究，自从 1921 年效度定义被正式提出以来，有关效度的研究从未停止过，从效度多种类型研究到效度一元化的出现，都是主流研究的内容。其次，效度的主流研究得到大量效度研究专家的关注，也汇集了大量的效度研究成果，可以说，当前的构想效度研究仍旧是以主流研究的思路和观点为主导的。因此，这个研究领域是我们进行构想效度研究不可忽略的主要内容之一。

上文中我们通过对构想效度本质的分析，明确构想效度研究离不开科学测量。从测量的视角探究心理构想，需要认识到测量对象（心理构想）的首要地位，并对其具备的实在性和定量结构进行探究。但是这种研究思路尚属于效度研究的非主流观点，主流的效度研究则在强调“效度的超测量特性”[①]（陈宏，2012：4）。目前，主流的构想效度研究对效度的界定呈现“大而全”的趋势，使得效度概念变得越来越宽泛，也越来越抽象。构想效度证据呈现丰富多样的局面，但是在效度检验的具体应用方面并没有提出切实可行的方案，这一研究现状使得效度检验流于空泛。可见，在远离科学测量领域的主流效度研究中，有关心理构想本质的研究仍不见提及，效度研究专家试图从多方面搜集效度证据，以量取胜。他们在对心理构想的真实信息尚未准确掌握的情况下，尽可能多地搜集与测验相关的一切信息作为效度证据，试图通过证据的数量的增加来探索心理构想的实质，同时也为研究者的效度研究增添信心。实际上，这一切的主流研究都远离了构想效度理论的研究初衷，对“测什么”这个核心问题没有提供实质性的研究信息，但是在实用性方面，效度的主流研究极大地满足了社会和测验使用者的需求，也就是说，效度主流研究在实际应用层面做出了努力，但是在科学研究层面仍然停滞不前，而且制造出越来越多的混乱。

## 5.1 构想效度概念呈现“大而全”的局势

第三章中我们通过对 Cronbach 构想效度研究演变的总结，可以明确在构想效度研究问题上，Cronbach 从最初的遵循逻辑实证主义的研究思路，探究心理特质的本质信息，转向了社会学方向，注重效度的实用功能。实际上，在二十世纪七八十年代，出现了一批聚焦构想效度实用层面的心理学家，他们从 Cronbach 对定律网络的浅显探索中看到了科

① 陈宏（2012）中使用的“超测量特性”，是指脱离测量视角，转向社会学视角的效度研究。

学研究层面存在的巨大困难，同时在操作主义盛行的情况下，索性不再思索构想效度理论层面的问题，而是全力投入到对解决实际需求有利的应用层面当中，从丰富效度证据的实用主义视角入手，立足于社会学视角，将效度论据研究发展成为构想效度的主流研究。主流研究一派的心理学家人数众多，研究力量强大且成果颇丰，其中以Messick[①]和Kane[②]为核心人物。本章对构想效度主流研究的探讨和评析，是以Messick和Kane这两位代表人物的研究观点为主，以其他效度研究者的成果为辅进行的。可以说，在效度研究的主流观点中，Messick和Kane的观点和主张是不可忽视的，他们是继Cronbach之后，效度研究领域的代表和主导人物，他们的研究影响了整个心理学对构想效度的理解。

### 5.1.1　效度研究主流思想的形成背景

在追溯构想效度发展演变的过程中，我们发现效度研究不能脱离心理学及心理测量学对其的影响。社会上的重大变革会影响心理测量领域的发展，构想效度研究也受到心理测验所处的多维度的复杂环境的影响。由于心理测量与社会、政治、哲学、数学等多学科均有关联，构想效度研究也同样与这些学科存在联系。

20世纪60年代这一心理测试领域发展的动荡时期已经为构想效度的主流思想培育了土壤。当时在美国发起的一场反对测验的运动增强了人们对公民权利和自由的关注。在这种变革中，由于肯尼迪政府没有兑现关于公民权利的一些承诺，致使道德、测验使用以及公平性等因素

① Samuel J. Messick（1931—1998）是美国心理学专家，在美国教育考试中心（ETS）从事构想效度研究工作。Messick在两个方面对语言测验产生了重大影响：一个是提出对基于测验的关联进行全新的理解，一个是关注于测验使用的效果。（维基百科）Messick撰写了1989年《教育测量》（第三版）中的效度章节，主导了效度研究的主流。

② Micheal T. Kane是美国法律主考官，国家学术联合会的主席，他的研究兴趣包括心理测量理论、高风险成就测验的效度研究、概化理论以及标准设定等方面。Kane撰写了2006年《教育测量》（第四版）的效度部分，在Messick效度理论的基础上进行了改进和发展。

被强调且关注，这些思想直接影响到对心理测验技术和方法论等方面的思考。同时，变革中提及的诸多因素也被广泛关注（Rogers，1995：543—544）。

接下来的二十世纪七八十年代，效度推广（validity generalization）、构想效度总体论（也叫作构想效度作为效度的总体）、效度的效果基础这三类研究观点的提出，表明效度概念自1921年正式提出后发生了显著变化。虽然效度仍然是评估一个测验的最主要方面，但是到了20世纪90年代中期，测验的发展明显倾向于要求相应科学方法的支持以及道德、伦理的发展。也就是说，在一个具体的情境下使用一个测验时，必须最大限度地呈现其科学信息和经验上的有用性。同时，对一个测验的使用必须与其价值和效果相联系。总之，对一个测验的使用是一个融合科学判断和道德判断的综合决定。心理测量被要求为社会决策提供科学上和道德上的重要判断，并将此作为对于社会决策的有益贡献（Rogers，1995：750）。

可以看出，效度主流研究思想与外界环境的关系十分密切，例如有用性、道德、公平性等因素进入到心理测量领域后，更为直接地影响到心理学家对构想效度的研究思路。

## 5.1.2 Messick 的效度一元化主张

### 5.1.2.1 Messick 对定律网络的认识

基于以上对构想效度本质的回溯和探究，我们认为构想效度理论研究的目的是对心理构想的探索，通过逻辑实证主义的研究方式实现对一个理论假设的证明，从而避免操作主义方法及操作性定义带来的循环论证问题。前文提到过，定律网络是 Cronbach 和 Meehl 试图遵循科学研究的表现，可以说，构想效度中的定律网络的出现，其目的是模仿自然科学的科学解释框架，通过定律和各种演绎推导关系来实现对心理特质的科学解释。在科学研究中，测量是不可缺少的。构想效度是从科学测量的角度出发，试图将心理测量向科学测量推进，其中，我们所关注的心理构想，就是科学测量的第一要素——测量对象，所以，对心理构想的探索是离不开测量的，需要在测量的相关要求下实现和发展。

Messick 作为当前主流的构想效度研究者，在他多年来的效度论述中，我们极少发现他对测量或科学测量的提及，以及他针对心理测量的测量对象问题的讨论，可以说，Messick 感兴趣的是构想效度检验的实际应用层面。定律网络作为心理测量向自然科学学习的一个例证，Messick 对其是如何理解呢？ Messick（1989：22）对构想效度及其哲学背景做了极其简单的介绍：

> 20 世纪 50 年代初，构想效度这一概念被系统性地提出时，逻辑实证主义是心理学中一个突出的哲学视角，尤其是在方法论方面。逻辑实证主义提供了一个完备的框架，在这个框架中效度观点得以合法化。

同时，Messick（1989：23）对定律网络的形成原理也稍有提及：

> 第一个主题关注科学理论的逻辑结构，将数学逻辑推广至语言研究领域，理论术语相应地与可观察现象相连。……一个科学理论与一个复杂的空间立体网络相连接，其中构想通过一个节点与连线的交接得以证明。

可见，Messick 对构想效度进行研究的同时，也关注过 Cronbach 的相关论述，从其对定律网络的简短评价中，我们只能说 Messick 对定律网络的理解基本没有问题，Messick 为了正确理解定律网络的内涵，也追溯到了亨佩尔的原文中，并且根据亨佩尔（1952）的观点，强调定律网络体系是浮在观察层面之上的，亨佩尔（1952）认为：

> 这个网络可起到一种科学理论的作用：从某些观察数据，通过一条转译纽带，我们可以上升到理论网络的某一点，通过另外一条转译纽带，我们可以再回到观察层面。（转引自 Messick，1989）

亨佩尔这段原文也有助于我们理解构想效度和定律网络的本质。但是，Messick 除了对定律网络做出表面的描述和介绍外，并没有深入探讨定律网络的实现问题，以及如何将定律网络与心理构想的测量相联系，而是在对定律网络表示肯定的基础上，指出定律网络并非唯一可以实现构想效度检验的方法：

> 定律网络被认为是能系统性地解释心理理论和心理测量中的构想的方法，但它不是唯一的方法。（Messick，1989：23）

可以看出，Messick 对定律网络并不感兴趣，也没有把实现定律网络作为构想效度研究的必经之路，在简单提及之后，Messick 表示解释心理理论和心理构想可以有其他的形式，各种效度检验技术都可以成为构想理论的解释方法，这一想法促进了 Messick 强调搜集多种效度证据的研究思路，在 Messick 看来，各种与效度有关的因素都可以作为检验效度的一个方面，同时也可以认为是对构想效度理论的解释和分析。我们认为，此时 Messick 将定律网络当作一种单纯的效度检验技术，而不是一种科学解释框架，因此 Messick 试图用其他的效度检验技术来代替定律网络，因为定律网络“并不是唯一的检验方法”。

#### 5.1.2.2 Messick 对困难的回避

根据我们对构想效度及定律网络的探究，以及 Messick 在其诸多论述中对定律网络的极少关注，我们认为 Messick 并没有意识到只有心理构想实现科学测量，才是解决构想效度问题的关键所在。

（1）简化科学理论检验过程

提到构想效度检验，我们首先需要回到 1955 年 Cronbach 和 Meehl 对构想效度的论述中寻找线索，结合上文的论述可知，Cronbach 和 Meehl 关于构想效度研究的最初想法是依据自然科学的研究思路提出的。有关这种思路的论述多现于二十世纪五六十年代，例如 Spence（1958）指出“构想效度检验的过程与科学理论的发展过程是一致的”。

APA（1954）、Cronbach（1955、1964）也有类似的论述。关于构想效度检验的过程是否如 Landy（1986）、Messick（1988）所说的那样，属于传统的假说检验过程，我们也需要找到这方面的资料。Cronbach（1964：121）曾详细列出构想效度检验由三部分组成：

（1）提出用什么构想来解释测验表现。这是基于观察或测验逻辑研究的一种设想行为。

（2）从围绕构想的理论中推导出可测验的假说。这是一种纯粹的逻辑操作。

（3）实施经验的研究来验证这个假说。

这三个部分内容是检验科学理论的通用程序，可以说没有任何问题。但是具体到对心理构想的检验，Cronbach 本人也没有进行过详细的说明，这样使得一些没有科学理论知识背景的学者想当然地认为，现有的效标关联效度、构想效度常用的因素分析法、多特质多矩阵法都是在检验研究假设，于是定律网络这类难于解决的问题似乎可以回避不谈，因为其他的方法也可以解决同样的问题。但是，构想效度要在科学理论层面上得到解决和证明，其检验过程和要求并没有那么简单。从物理测量来看，由经验研究来验证假说，其核心是科学定律。验证假说的过程就是发现科学定律（经验定律或者理论定律）的过程，而 Cronbach 没有明确地说明这一点，虽然他在强调定律网络的实现中隐含了这种想法，但是也没有给效度研究者以清楚的介绍，到了 Messick 这里，就不再理会和深挖验证假说的内在科学要求，而是从社会学的角度转向新的研究内容了。

所以，构想效度检验是由三部分组成的，假说检验是其中的一个部分，虽然构想效度检验过程不必严格按照上述顺序进行，但是三个部分是缺一不可的，这也是科学理论检验的过程，符合 Cronbach 和 Meehl 试图将心理测量推向自然科学测量规范的初衷。

明确了构想效度检验过程后，我们再来看 Messick（1988：41）对构想效度检验的理解，就可以说明 Messick 对构想效度检验的简化了：

“在构想框架下的测验效度检验是综合了假说检验，以及所有用来评估科学理论的哲学的和经验的方法。”在这种思路的指导下，Messick 对构想效度的阐述和发展就不再遵循 Cronbach（1964）列出的三个部分来进行了，而是转向了收纳多种效度类型，形成庞大的效度研究一元化的主张。

（2）突出社会和政治力量

Messick（1988：43）在对效度未来发展的展望中，提出了这样一种观点：

> 从构想效度检验的视角以及效度统一的观点来看，“测量就是科学”这一说法就是或者应该是对的。另外，利用测量的实际应用来做出决定和行动则就是或应该是应用科学。值得注意的是，应用科学总是发生在政治环境下。的确，社会和政治力量有时是很突出的，我们需要一种新的规则来处理应用科学的政治。但是，如果测量是科学并且测量的使用是应用科学的话，那么测量的调整和维护以及它的效度就是或者可能就是一门修辞艺术了。

可见，Messick（1988）的想法是要突出测量的外部环境的重要性，例如社会和政治力量的作用；纯粹从测量视角进行的效度研究则处于辅助地位。这些内容隐含了 Messick 尤其看重社会、政治、文化等外围因素在构想效度理论研究中的地位，成为 Messick 为自己对构想效度扩展范围的合理依据。

但是，这样并不表示 Messick 对构想效度研究没有思考。因为同样在这篇文章中，Messick 首先表明了他个人对效度的理解，以及效度与科学规则的关系，所以说 Messick（1988：43）非常了解在心理测量中实现科学测量所面临的困难和挑战：“效度必须遵循一些用来揭示它的规则。在最终的分析中，这些规则都是科学规则。”但是在心理学中，发现相应的科学规则是很困难的，于是Messick还是选择了回避，毕竟：

> 比起将测验放置于一个复杂的网络中（这个网络呈现出所测构想与其他诸多构想的关联），大多数构想效度研究者更加倾向于判断，对于心理构想的怎样的推断能够成为测验分数的基础，并且在怎样的情况下这些推断是有效的。（Cronbach，1988；转引自 Murphy & Davidshofer，2004：166）

根据引文中 Cronbach 的分析，可见效度研究专家们在定律网络的复杂性面前，开始寻找其他的解决办法，其中根据实践和经验判断是学者们所乐意接受的，因为判断部分是基于人为主观因素的，这种方法能够解决很多实际应用问题，从而也导致了对定律网络的回避和忽略。由此，Messick 大力主张的效度一元化得到广泛的认可和应用。

### 5.1.3　Kane 发展了"大而全"的效度概念

Kane 作为效度理论研究的重要学者之一，对效度以及构想效度进行了长期的思考与研究，第四版《教育测量》（2006）中的效度章节就是由 Kane 撰写完成的，他在效度理论研究中的地位可见一斑。Kane 坚持基于论据的效度检验方法，并且继承和发展了 Messick 的效度理论，强调"解释性论据"的重要性。值得一提的是，相对于其他的主流效度理论研究者，Kane 对构想效度提出时的本质理解得比较准确，并对当前的效度研究具有比较清晰的认识。

#### 5.1.3.1　认识到定律网络的本义

Kane 对定律网络的认识，不仅仅来自于 Cronbach 和 Meehl 的介绍，还有对定律网络的原型——亨佩尔提出的"假说—演绎"模型的了解：

> Cronbach 和 Meehl（1955）采用了理论的假说—演绎（HD）模型，这个模型在 20 世纪 50 年代早期作为理论构想分析的框架，占据了研究的主要地位。假说—演绎模型将理论看作是解释的公理体系（Suppe，1977）。一系列连接某些

> 术语（理论构想）的公理组成了理论的核心。这些公理通过连接术语和可观测变量，经过“一致性规则”得到解释。（Kane，2001：321）

通过上文对定律网络的来源以及其本质的解析，可见 Kane 对定律网络的理解是比较准确的，从 Kane（2001：321）对定律网络的解释便可得知：

> 定律网络中的规则一旦得到解释，这些规则就被用来预测变量之间的可观测关联，并且经验定律通过理论得到解释（Hempel，1965）。定律网络从未对一个理论做出界定，该网络认为理论是由已解释的规则体系以及由它推导出的所有经验定律共同组成。这个理论通过核查经验定律与数据之间的关系来进行效度检验。

Kane 解释了定律网络的结构，并且明确定律是不可或缺的部分，定律网络需要核查定律与数据之间的关系来进行效度检验。虽然 Messick 也对定律网络进行过阐述，但是 Kane 通过亨佩尔的 D-N 模型来追根溯源，对定律网络的理解更加深入一些。

#### 5.1.3.2 Kane 对 Messick 效度研究的肯定

Kane（2001：328）通过查阅 Messick（1989）在《心理测量》第三版中效度的界定，以及 APA（1999）的效度定义，总结出当时效度研究的四大方面：

> 第一，效度包含了对被推荐解释或测验分数使用的整体合理性的评估。
>
> 第二，与构想效度衍生出的普遍规则相一致的，是效度的当前界定。当前的效度界定要求包含分析测验所做出的推导和假设，以及包含对被推荐解释的分析和对可能存在的对立解释的思考。

> 第三，在 Messick（1989）效度章节中和标准（AERA，APA，& NCME，1999）中效度检验都包含了对测验使用效果的评估。
>
> 第四，效度对解释进行的是一个综合的、统一的评估。它不仅仅是一个技术或工具的集合，效度检验的目标是实现效度检验的通用方法与评判标准的统一。

Kane（2006：21）认为，构想效度包含所有的效度类型，包括内容效度、效标关联效度、信度等，这个综合的构想效度概念具有三个积极作用：

> 第一，构想效度关注于更为广泛的测验解释与分数应用情况，而不是简单地考虑测验分数与某一具体情境下的标准之间的相关程度。第二，强调对分数解释的假设以及对这些假设的证明。第三，考虑到测验与分数使用的选择性问题。

所以，Kane 在对 Messick 提出的构想模型做出积极评价的同时，也表明他本人对于构想效度论据的广泛性、选择性的主张，即扩大分数解释和应用的范围，与这些因素相联系的所有变量都可以纳入构想效度论据中；而且对分数解释和使用可具有人为的选择，根据不同的目的和需求选择解释和使用，这一点与 Kane（1990）对解释性论据的归纳也是一致的。总之，可以看出 Kane 对 Messick 的效度理论是认同并拥护的，并且 Kane（2008）进一步强调测验解释应作为效度检验的核心议题。

值得关注的是，Kane（2009）对特质的效度检验和效度证据之间的差异进行了比较，指出“效度证据要求对潜在特质进行测量”，他认为“这一方面的研究还不够完善”。虽然 Kane 只是提出这样一种观点，并没有对潜在特质的测量进行深入的探讨，但是较 Messick 而言，Kane 有意识地关注到了测量心理构想的问题，我们认为是一种研究思路上的进步。

关于测验使用的效果问题，Popham（1997）认为，效果虽然重要，但是应作为一个单独的问题来研究，不应放入效度检验中。但是 Linn（1997）和 Shepard（1997）却支持效度概念宽泛化的主张，认为应当包含测验使用的效果以及测验分数的描述性解释。Kane 也同样支持概念宽泛化的发展倾向，认为“效度检验所需要的证据依赖于测验的解释或使用，所以不同的解释或使用将需要不同的证据”（Kane，2009：40）。

可见，Kane 在构想效度研究方面，总体上是认同 Messick 的效度研究主张的，他支持效度研究证据的多样化，强调测验解释和测验使用效果都是非常重要的效度检验问题。

### 5.1.4 小结

其实早在 1957 年，也就是 Cronbach 和 Meehl 第一次提出构想效度理论之后的两年，Loevinger（1957：636）就建议：

> 从科学研究的角度来看，构想效度是效度研究的整体，这个整体中包含的预测效度、共时效度和内容效度都是不可缺少的。

到了 20 世纪 80 年代早期，构想效度就广泛地被接受为效度研究的通用方法（Messick，1980; Anastasi，1986）。Messick（1988、1989）扩展了构想效度作为效度统一框架的观点，Messick（1989）增加了一个更为宽泛的效度，Messick 强调了测验效果的作用，有人称这种效度为效果效度（consequence validity），并且明确提出效度可以被认为是一元化的整体（Messick，1989），但是它必须是可操作的，通过对内容、构想、共时和预测效度等传统效度类型的研究获得。1999 年《标准》的修订版基本接受了 Messick 对效度的定义，承认效度检验过程所“评估的是根据人们提出的应用需求对测验分数所做的解释，而非测验本身”。同时承认“人们提出的测验应用需要对测验分数做出解释，效度指的是证据和理论对这种分数解释的支持程度”（AERA，1999：9）。此后，这种效度观念在测量界便逐渐形成思维定势，而且表述更简单、明确、直

截了当。（陈宏，2012）

随后，Messick效度理论的忠实拥护者Kane在前者研究主张的基础上，进一步提出效度的论据理论，同样是综合了多方因素全面考虑效度问题，可以说是对Messick效度理论的继承和发展。

至于定律网络这个科学说明框架，除了Cronbach作为倡导者之一进行了阐述外，Messick和Kane也同样对这个模型进行过介绍和论述。通过总结这两位代表人物关于定律网络的阐述，我们可以发现，Messick和Kane对定律网络的认识和解释基本都是正确的，他们也都从这个网络的最初原型——亨佩尔的D-N模型中寻找到了定律网络的相关信息。但是这些仅仅作为他们对构想效度研究历史的回顾和综述而已，定律网络并没有受到主流研究这一派学者的重视，他们也没有兴趣致力于从定律网络为代表的逻辑实证主义角度继续探究心理特质的测量问题。鲁宾逊等人指出“放弃假设—演绎模型的策略对于一门抱负不凡的科学来说是危险的”（丹尼尔N.鲁宾逊，1979；转引自张凯，1998），“尽管Cronbach承认把结构效度纳入科学演绎系统是有问题的，但这个做法仍然是有意义的，并且它是产生了巨大影响的，因为从过去到现在，人们仍不想完全放弃这个理想。”（张凯，1998）Cronbach后来对定律网络的定位和思考也能够帮助我们理解定律网络走向沉寂的原因：

> ……比如，Compbell（1960）对这个理论就表现出既赞同又犹豫的态度，他担心，结构效度理论给自己开价太高而失去市场，因为心理学家的观念不像物理学那样具有演绎的力量。所以他建议，心理学家应该把理想的定律系统放在一边，而去致力于建立他提出的“特质效度”，但是他的建议并没有引起人们的重视。（Cronbach，1989；转引自张凯，1998）。

于是，构想效度研究在社会大环境的变革中，在操作主义思想的冲击下，开始淡化对定律网络的探究，转而投向社会需求呼声较高的测验使用效果、社会道德和政治等综合因素当中，由此开创了一个更为广泛的构想效度研究范围。

## 5.2 效度证据丰富多样

### 5.2.1 Messick 构想效度研究的人文主义视角

#### 5.2.1.1 构想效度囊括所有效度类型

构想效度在心理测量界提出以后，受到越来越多的关注，与此同时，还有一些其他类型的效度也相继出现，Messick（1980）认为，“效度”这个统一的概念下包含了各种不同的概念和类型，而统一的命名减弱了它们之间的区别，为此，Messick（1980）呈现了一个表格，提供了对多种效度类型的描述：

**表 7　Messick（1980）对效度类型的总结**

| 效度命名 | 描述性命名 |
|---|---|
| **内容效度** | 内容相关——范围的细化 |
| | 内容覆盖——范围的代表性 |
| **标准效度** | 标准相关 |
| 预测效度 | 预测应用 |
| 共时效度 | 诊断应用 |
| | 可替代性 |
| **构想效度** | 解释意义 |
| 聚类效度 | 聚类相关 |
| 判别效度 | 判别差异 |
| 定律效度 | 定律关联 |
| 因素效度 | 因素组成 |
| 外部效度 | 外部关联 |

（转引自 Rogers，1995：746）

Messick（1980）还强调，构想效度可以覆盖所有的效度命名，其他的效度类型都可以归入构想效度的思考框架中。Rogers（1995）将 20

世纪 80 年代的构想效度叫作效度的“蜂王（queen bee）”，并以图示描绘了当时的效度框架：

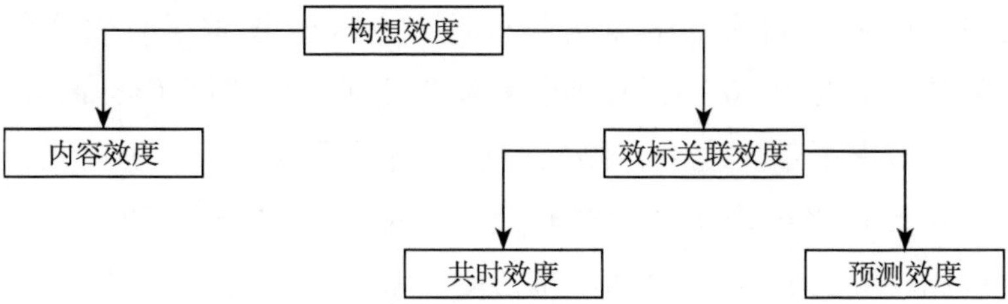


**图 9　Rogers（1995：747）描绘的效度框架**

可以看出，Messick 作为效度理论研究的代表学者，在构想效度的研究问题上，虽然没有遵循自然科学的研究思路，但是他提出了自己的效度主张，即构想效度成为效度理论的统一体，构想效度囊括了所有的效度类型，不同的效度类型虽然各有其特征和目的，但是都是构想效度研究的一部分，所以，Messick 扩充了构想效度的范围和内容，使构想效度成为一个内容庞杂的概念，可以说，当时构想效度涵盖的丰富内容，吸引了效度研究者的注意，而在科学理论层面对构想实现科学测量的思路则“坐上了冷板凳”，甚至无人问津。

#### 5.2.1.2　引入“证据基础”和“测验使用”两大分析角度

除了上文提到的构想效度整体论，Messick 还将价值因素也纳入构想效度的研究中，Messick 强调“社会价值和社会效果不应当从效度思考中忽略掉”，“对测验的社会效果的评价也应当看作构想效度的一个方面”。为了详细说明价值与效度具有必然联系，Messick（1989：59）还解释道：

> 词语“valid”和“value”的意义来自拉丁语同一个词源“valere”，意思为“更加强大（to be strong）”。另外，“value”从古法语“valoir”发展而来，意为“值得（to be worth）”，与现代使用“有效（valid）”接近，与检验的有效作用相关联。因此，因为效度和价值密切相关，分数解释的价值蕴涵

应当被明确地划归为效度检验过程的一部分。

我们认为，Messick 此处的解释有些牵强附会，valid 和 value 虽属同源，但两个词的意思却完全不同，Messick 误解了有效和价值之间的关系。早在 1910 年，心理学界就提出了“价值度（value）”的概念，用来指除了信度之外，测验所应具备的重要属性，也就是效度的概念，并且随之出现了预后价值度（prognostic value）和诊断价值度（diagnostic value），其实这两种价值度后来都归并到了效标关联效度的范围内（常晓宇，2001）。所以，心理学领域曾经出现过的价值度概念，其目的是表示“效标关联效度”，而不是 Messick 引文中所理解的“价值”的含义。

具体来看，Messick（1980）将“证据基础”和“测验使用”两种分析角度加以推广和强化，构拟了效度的四个层面，详见前文表 3。

从 Messick 划分的效度四个层面可以看出，测验解释的证据基础是构想效度，测验使用的证据基础也是构想效度，但是还包括测验对于某些具体应用目的的有用性。测验解释的效果基础是测验解释中潜在蕴含的构想理论的价值应用，测验使用的效果基础是对实际检验中的潜在和实际社会效果的评估和评价（Messick，1989：20）。

至于构想效度的核心地位，Messick（1989：21）的说明是：

> 这个图示的优势之一就是构想效度在图示中的每个单元都存在，由此强调构想效度的重要性和证明力。另外，在具体的应用设置中测验分数的相关证据和使用，测验使用的社会效果评估、测验解释的价值蕴涵等因素在研究测验分数的构想效度方面都做出了重要贡献。这一点可以清晰地表明，广义上讲，构想效度可能最终将是整个效度的分析结果。

Messick 的想法是，构想解释的过程是在理论层面，将测验分数放置于目标构想与其他构想之间的隐含关系中分析，并且在社会价值层面，将测验分数放置于我们所期待的特质行为与不期待的特质和行为之间的隐含关系中分析。对于前者关系的经验评价是对测验解释的证据基础，也就是构想效度，为后者价值营运的判断评价提供了测验解释的效果基础。另外，Messick（1984）多次表达了对社会效果方面的关注：

> 尽管测验解释的价值应用和测验使用的潜在社会效果主要来自于测验构想的意义和它的证据基础，其实还存在更多社会价值的政治和环境因素。

根据上述对 Messick 相关论述的回顾，我们可以看到，Messick 在构想效度研究领域，除了之前强调的测验解释的证据基础是构想效度以外，还引入了“效果基础”和“测验使用”两大分析角度，于是就出现了“构想效度”“构想效度 + 有用性”“价值蕴涵”以及“社会效果”四个单元，除了之前存在的构想效度单元，另外三个单元都是 Messick 添加的，这三个单元主要集中在社会效果、价值、有用性等方面，充分体现了其强烈的人文主义研究倾向。

尽管 Messick 强调框架中划分的层面不能分割，应当整体考虑，并提醒我们构想效度存在于每一个单元中。但这一说法太具诱惑力，似乎扩展了对构想效度的研究思路，丰富了构想效度的组成和内涵，以至于我们没有思考构想效度的科学性问题、社会效果的道德和社会性问题，以及这两者是否真的属于一个整体。其实，这两个问题并不像 Messick 所说的那样，是一个统一的整体，具有不可分割的联系。实际上这两个问题之间丝毫没有关系，分别属于两个不同的范围。构想效度关乎“测的是什么”的问题，其科学性体现在对所测心理特质的科学测量方面，具体来说，就是为看不见、摸不着的心理特质找到与其对应的可操作实体，并力图找到一条数学表达式，用来刻画心理构想与操作实体之间的关系，证实心理构想客观存在且具备定量结构，从而实现对心理特质这个测量对象的测量。很显然，目前关于心理构想的科学测量问题仍待解决，这就是构想效度所涉及的科学性问题。按照 Messick 的说法，构想效度与社会效果、价值蕴含等都属于效度证据之一，证据必须归结到一起形成一个综合的评价。那么，社会效果、价值蕴含如何与构想效度相联系呢？我们认为，构想效度的研究与其他单元的内容之间没有任何联系。更具体地说，社会效果和价值蕴含更多地依据人为的主观分析和判断，属于社会学的研究视角，与测验的效度研究毫无关联；而构想效度则主要依据对所测构想的科学描述，属于自然科学的研究视角。Shepard（1997：5）也有类似的观点和阐述：

> Messick（1989）强调了测验使用的效果基础。大多数测量专家都承认，社会公平性问题和检验效果都是非常有用的观点，但是这些问题是否应成为测验效度的一部分，则值得商榷。Wiley（1991：88）指出“使用错误在概念上和社会方面都是很重视的，但是包含社会和道德方面的分析是超出测验效度检验范围的，没有必要放入测验效度的定义中”。

总之，正如 Maguire、Hattie 以及 Haig（1994）所认为的那样，测验使用的效果是重要的，但是 Messick 过于关注测验使用而忽略测验发展是不对的，“Messick 提出的检验社会效果的大规模量表体系过于繁杂”。Shepard（1997：6）更是明确地表示：

> 测验使用的社会效果应当由测验开发者和测验使用者来讨论，但是对于收集测验使用效果的证据方面，并不需要将它们考虑为是效度的一个层面。

#### 5.2.1.3 效度证据多样化

在划分了效度研究的四个层面之后，Messick 继续在道德、文化等人文主义社会因素方面探寻证据，作为构想效度的研究依据。Messick（1989：13）的效度定义被广为引述：

> 效度是一种综合性的评价性判断：即来自经验方面的证据和理论方面的论证在多大程度上为根据测验分数或其他评价方式做出的推论和采取的行动的充分性和恰当性提供了支持。

Messick（1980：1023）认为，效度检验是一个连续的过程，有时开始于为一个构想寻找恰当的测量，有时是为一个现有的测验寻找恰当的意义。

在这一点上，构想效度被划分为多个方面：从内容相关和标准关联的角度，从本质、结构和外部组成的角度，从特质效度和定律效度的角度，从构想表现和根据定律划分范围的角度。具体参看下图（Messick，1989：50）：

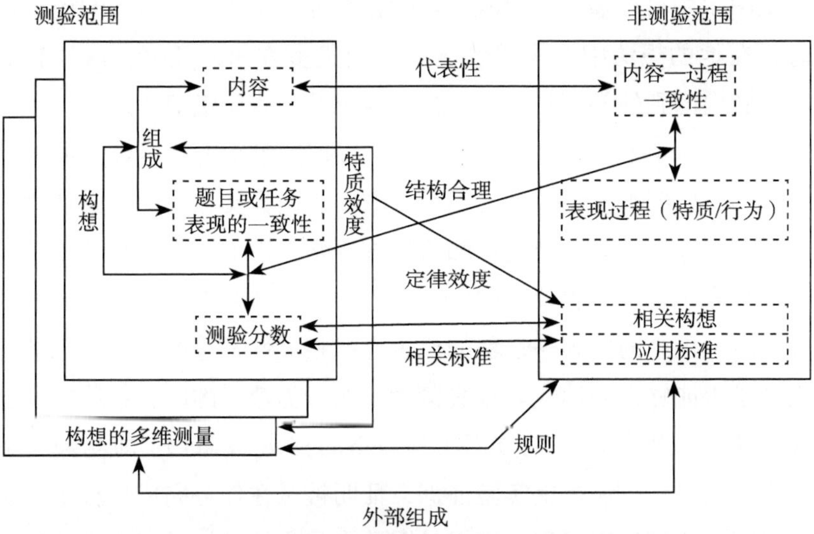


**图 10　Messick（1989）构想效度组成部分**

根据上图所示以及 Messick（1989：49）的介绍，我们可以得知，图的左边在标题“测验范围”下，呈现了一系列重叠的方框图形，每一个方框代表了对所关注构想的一种测量方法。这些方框之间对应的是对多种构想的测量方法，三种测验特质被划分出来，分别为内容、题目或任务表现的一致性，以及测验分数，这三种测验特质被虚线标示出来。图的右边在标题“非测验范围”下，行为特质的三种设置同样被虚线标示出来：分别是内容—过程的一致性、表现过程或隐含在任务表现中的构想、包含应用标准的相关构想的测量。

在测验范围内部，构想效度的本质组成连接了内容判断和题目反应的一致性。构想表现包含了测验表现的本质和结构方面；特质效度连接了本质组成对构想的多维测量，如聚敛和判别证据。在测验和非测验之间，代表性或相关性评估了测验内容在两个范围内的程度。结构精确度评估了测验分数在多大程度上反映了构想的非测验结构。最后，定律效度连接了测验分数与相关构想；标准关联证据连接了测验分数与应用标准；构想效度的外部组成连接了测验或构想分数与其他外部变量。

从图示中可以看出，Messick 界定和描绘的是一个整体的构想效度理念，在他的想法中，构想效度需要搜集多方面的证据，从构想的本质、测验内部到外部变量，以及社会效果等，张晓敏等（2004）也详细总结了 Messick 构想效度的六大证据。根据图示中的标示以及后人的总结，我们可以明确构想效度证据可以划归为两大类，第一类是从测验内部入手搜集证据，第二类是从测验外部因素入手的研究。具体来看，六大证据首先包含了构想效度的内容方面，主要涉及测验范围内的内容对于非测验范围中的内容—过程的代表性或相关性，也就说，考虑的是测验内容是否能够充分地代表真实情境下的行为蕴涵的内容；第二种证据关注于构想效度的实在性方面（the substantive aspect），即测验所引发的心理加工过程应该提供实验证据，证明被试在任务完成过程中确实运用了设想的心理加工过程，也就是图示中包含的题目反应代表了特质表现过程的真实存在；第三种证据体现在构想效度的结构方面，要求测验的评分系统与待测构想的内在结构相一致。也就是测验分数应该最大程度地反映行为表现背后所隐含的结构关系；第四种证据强调构想效度的概括化方面，也就是测验分数的意义及其适用范围和界限；第五种证据涉及构想效度的外部因素，应有证据表明一个测验不仅与理论上存在相关的那些变量具有高相关，而且与理论上没有关联的那些变量具有低相关（如多特质多方法矩阵分析）；最后需要关注构想效度的效果方面，该方面关注测验使用的价值含义和社会含义，目的在收集用于评价分数解释和分数使用效果方面的各种证据。所以，我们认为上面所罗列的六大证据中，前三种证据属于从测验内部入手的研究，后三种证据则关注于测验外部因素。

Messick（1989：45）提出构想效度六大证据的同时，还强调：

> 构想效度的这六个方面紧紧围绕着测验的各个环节展开。收集效度证据的来源包括但并不限于：基于测验内容的证据、基于反应过程的证据、基于内部结构的证据、基于测验分数与其他变量之间关系的证据、基于测验后果的证据。总之，收集构想效度证据的过程就是对测验从编制到解释、再到使用后果的整个程序进行拷问的过程，测验的方方面面都得到了检验。

总之，Messick 认为，效度是一种总体性的、评价性的判断，构想效度作为效度研究的核心，包含了与效度有关的各个方面，不仅涉及测验内部的各项研究，而且还包括效度概括、社会效果等外部因素的考查。因此，Messick 实现了对构想效度的大融合，从他 1989 年呈现的构想效度组成图示可以明确，在 20 世纪 80 年代，Messick 作为效度研究的核心人物之一，已经将研究视角转向了社会学方面，研究思路较之前的 Cronbach 和 Meehl 更为宽泛，尤其善于从测验外部因素中搜集构想效度证据，与 Cronbach 和 Meehl（1955）专注于构想本身的科学测量形成巨大反差。从构想效度的本质含义，及科学测量的要求来看，Messick 的构想效度观已经发生了重大偏离，转向从测验外部因素来搜集证据，支持已有的假设，而这些证据在科学研究层面来说，都是不具有说服力的。它们只能在实际应用层面体现出一些实用价值。

#### 5.2.1.4 后效与效度研究

从 Messick 的效度证据理论中，可以看出 Messick 的构想效度研究，更多地关注到与测验有关的一切外部因素，体现在测验的使用价值和效果等对测验的评估方面。由此，在 20 世纪 70 年代末 80 年代初，一个新的名词“后效（washback）”便产生了，并成为“应用语言学中一个重要的概念”（Alderson & Wall，1993：117）。实际上，后效这个概念与Messick主张的六大证据中的大多数都有关联。至今仍然被大多数心理学家当作效度研究的一部分，成为构想效度检验中常见的项目与内容。

（1）后效的出现及其特征

后效，也叫作反馈，“反馈就是测验对教学和学习的影响”（Hughes，1989）。Messick（1996）发表了一篇名为《语言测验中的效度和后效》的论文，其中界定后效为：“是测验在多大程度上对教师和学生产生影响，使他们去做那些如果没有测验，他们断然不会去做的事情。”（Messick，1996：241）

“反馈的作用既可以是好的，也可以是坏的。”（Hughes，1989）也就是说，反馈可以分为积极反馈和消极反馈。在当前的教育体制和考试制度下，教师和学生都会根据测验的要求来调整他们的课堂活动，特别是当测验对学生的前途非常重要的时候，例如我国的高考制度，关乎考生的前途和未来发展，于是这类考试的后效就成为人们普遍关注和研究者着力研究的问题，因此，后效问题历来受到重视和探究。

但是需要分清的是，“后效是决策造成的效应”（张凯，2002：169），研究决策和研究测验是不同的，张凯（2002：169）对二者的区别做了很清楚的阐述：

> 测验研究要解决的问题是，怎样制造出科学的、精确的测量工具，以及怎样正确地使用这个工具。
>
> 决策研究要解决的问题是，如何提高决策质量。……高质量的决策，就是在使积极后效最大化的同时，使消极后效最小化。

（2）后效与效度研究无关

既然后效研究与测验无关，那么后效自然与效度也没有什么必然联系。后效是依据人的主观决策而确立的，测验是否测到了想要去测的那个东西，是需要通过科学的测量才能得知的，因此这两类研究不属于一个研究层面。然而，在 Messick 的效度理论中，后效赫然成为效度证据当中不可缺少的因素，人的主观评判、社会使用效果、公平性等属于后效的内容全部纳入构想效度范畴当中。从这一点来看，Messick 的效度理论是缺乏科学依据的，而仅仅满足于社会的需求和评价。在这一点上，Alderson 和 Wall（1993：116）就指出："后效研究是一个非常复杂的情况，不应将它直接与测验效度相关联。"

陈宏（2012）对此问题也有深入的探讨：

> 我们非常理解不同行业、不同社会阶层、不同社会团体出于不同应用领域需要，对测验效度有不同理解和处置，但有几个原则是需要澄清的：第一，应用问题任何时候都是测量以外或者超测量的问题：测验结果的应用中一切涉及价值判断的问题（比如对某种应用的社会后果的评估）当然都十分重要，但这方面的考虑属于测验整体质量问题，一般是应用决策问题，而与效度无关。第二，价值问题包含实在性问题，而且归根结底要以实在性问题为核心依据，否认这一点无异于自欺欺人。所以即便是应用决策的合理性问题，分数解释、分数应用乃至测验整体质量这样的综合价值判断性质的有关推论，也必须以测验效度为逻辑前提，不能脱离测验结果所能提供的客观事实，不能由应用决策者按其主观意志说了算。

我们认同陈宏的观点，首先，后效与效度研究无关，二者没有必然的联系。其次，就算是后效研究，也是基于测验的，陈宏提到测验需要能够提供真实的客观事实，这样才有利于做出恰当的决策。也就是说，测验具备效度，能够准确地测量到声称要测的那个东西，这是首要的前提，其实就是构想效度要探究的问题。在此基础上，后效研究需要尊重测验所得的客观事实，而摆脱主观臆断。这也是当前后效研究的缺陷，同样也是整个心理测量界的不足。Messick 等主流研究学者关注测验使用的社会效果，例如影响、偏见以及后效等普遍问题，但是“恰当的论据应具有真实的前提，只有这样，通过一系列证明得到的结论才一定是真实的”（IEP，2004）（Davies & Elder，2012：40）。可见，这一切的解决，有待于真正弄清楚心理测验所测的“心理特质”究竟是什么，然而这个问题又回到了我们的研究核心——构想效度研究中来。

#### 5.2.1.5 Messick 构想效度研究的思想根源

我们从 Messick 的文献解读中，对 Messick 效度观的形成原因，尤其是他扩大构想效度研究范围，丰富效度检验证据的原因进行了总结，我们认为造成这一观念的原因是多方面的。除了前文提到的社会变革和复杂环境对心理测量和效度研究产生的巨大影响，使得构想效度研究者关注到道德、测验使用和公平性等外围因素之外，还包括 Messick 本人逻辑分析上的偏差、实用主义思想以及社会需求的紧迫性等方面共同作用的结果。

（1）Messick 逻辑分析的偏差

Messick（1989）在效度研究的“哲学背景”主题下，通过几个图表表达了他对心理测量中的因果关系、定律网络的作用以及各种关联的讨论。其中，关于实在论，Messick（1989：28）指出：

> 实在论的观点是，事件通常都是从复杂的因果关系中推导出来的。因此需要有关可操作的结构和它们之间因果关系的理论和框架。

可以说，Messick 在构想效度问题上引用实在论观点，是比较合适的。但是需要注意的是，因果关系在科学研究中一直都是核心问题，探究因果关系也是最为重要的研究任务之一。具体到 Messick 针对心理测量中存在的因果关系的思考，Messick 用下图强调了他理解的因果关系：

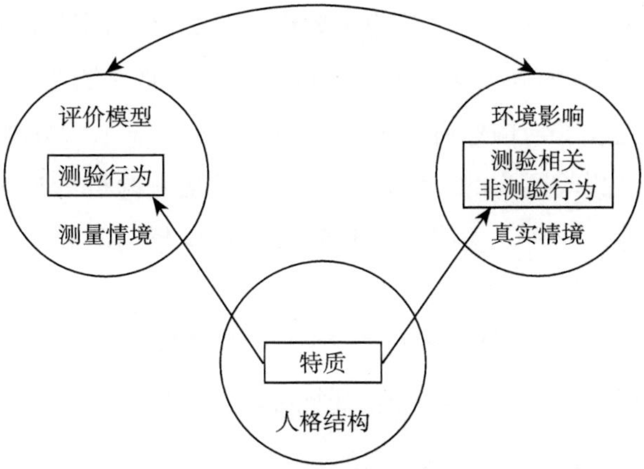


**图 11　实在论者的观点**

Messick（1989：27）指出，一个人的某些特质或特点将影响他在测验和非测验两种情境下的行为表现。因此，一个人的测验行为和非测验行为是相关的，因为他们都属于同一类反应类型，都是在相同或相关的情况下做出的反应。在现实主义者看来，理论实体，无论是特质还是其他，都与构想存在直接的关系，构想本身就根植于人格结构的理论或因果框架中，从而在测验表现中起作用。图中的人格结构所在的圆圈代表了双重身份，它代表了真实的人格结构和实在论者认可的人格因果模型。

同样的，Messick 在分析构想和定律网络的作用时，引用和归纳了建构主义者的观点（constructivist view）。下图则是 Messick（1989：28）对建构主义者的逻辑分析图示。

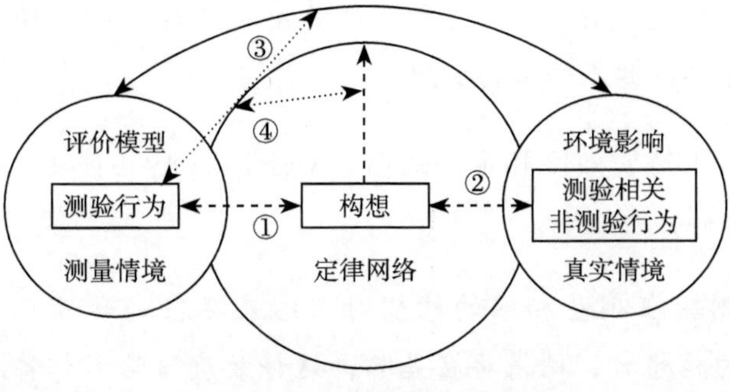


**图 12　建构主义者的观点**

在建构主义者看来，构想的主要作用是为详细阐述定律网络提供基础。构想为可见的行为提供解释，同时也为预测非测验行为提供依据。图中的虚线代表了与构想有关的三种主要研究方式：从测验行为的一致性方面，从非测验行为的一致性方面，以及从测验行为与非测验行为的一致性方面进行分析。虚线上的双箭头表示构想与测验情景与其他情境都存在一致性。

Messick（1989：29）在对这个图示的解释中，引入了当时在构想效度检验中存在的一些问题，这四个问题分别是：

> （1）“通过一个特定的构想，测验在多大程度上测到了既定的目标？”总体来说，这就是 D. T. Campbell（1960）定义的特质效度（trait validity）。
>
> （2）“构想在多大程度上包含了一个有效的假设？”这个问题被 Campbell（1960）定义为定律效度（nomological validity）。
>
> （3）“测验在多大程度上测量了……（一些东西），（这些东西）是‘真正’存在的？”也就是说，这是就可观测的一致性而言的，而不是对构想的具体化。这是在测验表现中关于行为一致性的首要的问题，这种情况表示“一些东西”是确实被测量到了。
>
> （4）“被推荐的解释是否很好地代表了测验所测的东西？”从本质上说，这种情况被 Loevinger（1957）称为真实效度（substantive validity），这种效度是用来评估测验解释是否捕捉到了“一些东西”的本质。

其中关于特质效度和定律效度，Messick（1989：46）还做出了较为详细的解释：

> 测验在测量相同的构想时，结果存在一致性；而测量不同的构想时，结果存在差异，这种效度检验叫作特质效度

(trait validity)。本文认为，特质效度的具体含义就是，如果一个测验有效，应当表现为对相同构想的测量结果呈现高相关，对不同构想的测量结果呈现低相关，则说明该测验有效，这样才算是实现了经验一致性。

根据(Campbell，1960)的观点，对不同构想的测量结果之间存在一个定律关联，这就叫作定律效度(nomological validity)。

在解释了含义的基础上，Messick认为特质效度处理的是测量操作与构想的概念公式化表达之间的拟合问题，“正如图示中编号为①的关系”；定律效度处理的是获得的数据类型与关于这些类型的理论预测之间的拟合问题，“如图示编号为②的关系”。特质效度关注于测量作为对构想的反映所具有的意义；定律效度关注的是反映在测量结果的属性和应用中的构想的意义。

在特质效度检验方面，Messick(1989：46)也强调，“特质效度就是针对相同构想的不同方法之间存在的相关；要高于使用同一种方法去测量不同构想的测量结果之间的相关”，并且列举了Campbell和Fiske(1959)开发的多特质多方法矩阵，Messick认为此方法就是对特质效度的一种检验方法。

根据Messick对问题(1)的阐释，我们可以认为，构想和测验是单向性关系，并且是构想指向测验的，因为测验是根据对构想的假设和理解建立起来的，而图示中构想与测验的关系用双箭头描述，表示二者存在相互作用的关系，即构想决定了测验的形成，测验行为反过来证明构想的存在。根据Messick对问题(3)的描述，代表③的虚线是表示测验行为的一致性问题，其中强调测验是否测到了一些真实存在的东西，这种检验过程同样是测验行为指向外部因素(测验行为与非测验行为之间的关系)的，考查的是测验行为对外部因素的测量情况，因此也应当使用单向箭头来表示。问题(4)检验的是所测属性的本质与内部和外部因素之间的关系，其中的双向箭头表示构想与内外部因素具有相互作用的关系，显然也是需要更正的，即构想决定了测验的内部内容等和外部因素的获得，因此也属于由构想指向内外部因素的单向关系。总之，Messick 所认同的建构主义者的逻辑分析图示，存在一些逻辑方面的混乱，最为明显的就是在多种关系之间建立相互作用的关系，认为测验行为、构想以及非测验行为之间都是互相影响、互相作用的，没有指出真正起决定作用的一方，存在观点的模糊不清和表述的混乱无章的情况。

根据上述两种观点的图示，Messick（1989：30）将建构主义—实在论者的观点归纳为对前两种图示的结合，形成了一个综合的图示，用来解释测验和非测验行为，如下图：

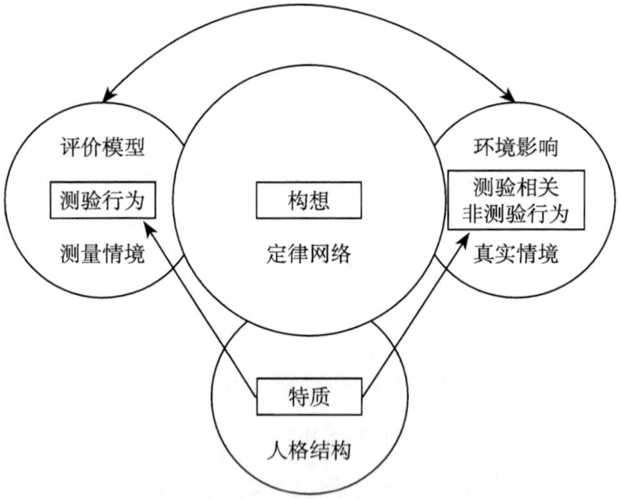


**图 13　Messick 理解的建构主义—实在论者的观点**

这个图示可以说是对实在论者和建构主义者的观点的一种综合。从这个综合后的图中可以看出，效度定义已经不再局限于某一特定的情境下，而是与多种情境相一致。

从 Messick 构拟的三个图示可以看出，Messick 本人对测验行为与非测验行为（真实行为）之间的逻辑关系，以及构想和测验行为、构想和非测验行为之间的逻辑关系存在误解。在 Messick 看来，效度研究中的任何部分都是相互作用、相互关联的，因此效度检验证据的丰富性和多样性也是必然的。我们认为，正是 Messick 这种认为所有因素都存在相互联系、相互作用的思路，才导致他形成了对构想效度内涵的扩展，将所有相关因素都纳入构想效度理论中，并以这种思考方式引领了整个效度理论研究，成为主流的构想效度观。

（2）Messick 的实用主义思想

所谓“实用主义”，是产生于 19 世纪 70 年代的现代哲学派别，由查尔斯·皮尔斯（Charles S. Peirce）提出。实用主义的特点在于，强调认识的任务不是反映客观世界的本质和规律，而是认识行动的效果，从而为行动提供信念。也就是说，实用主义观点的通俗表达就是“有用即真理”。从 Messick 的效度理论提出背景，到他对该理论的发展，无一不渗透着操作主义和实用主义思想的作用。

我们通过对 Messick 构想效度观的总结和评析，可以发现 Messick 注重测验的使用，他回避构想效度的科学测量问题，并且认为之前强调的定律网络并非解决构想效度问题的唯一方法，由此提出了 Messick 所开创的“测验使用”视角，这一效度研究视角的引入，引导心理测量界开始关注由测验使用所带来的各种社会文化和测验效果价值等外围因素，并且这些因素成为证明构想效度的主要证据之一。可以说，“测验使用”角度所研究的问题虽然重要，但这些问题应当由测验开发者和测验使用者来讨论，是在测验完成后进行的社会学方面的研究，不属于效度研究的范畴，Messick 把社会价值等因素并入构想效度框架中，将测验使用与构想效度研究进行关联，是把分属于两个不同的研究阶段的内容混杂在了一起，是 Messick 研究思路混乱的一种表现。

我们认为，构想效度的研究核心应处于科学测量的研究层面，与测验使用等超测量的外在因素毫无交集，没有关联，完全处于不同的层面，如下图所示：

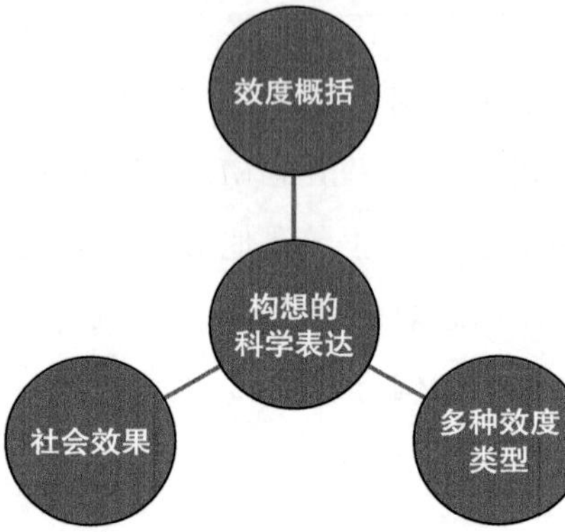


**图 14　构想效度研究核心**

Messick 过于关注测验使用，而忽视心理构想的探究，尤其回避对心理构想的科学测量，Messick 在无力实现对心理构想的科学测量的情况下，回避对这个核心问题的探讨，转而提出测验的社会效果这一社会学方向的问题，并将这个问题作为证明构想效度的证据之一。在 Messick 的多次论述中（1980、1988、1989），测验的社会效果似乎成为构想效度研究的一个新视角和新亮点，并影响了一大批效度理论研究者，如 Kane（2001、2006），Bachman（1990），Bachman 和 Palmer（1995）等均遵循了测验的社会效果证据要求，但是，受到关注和追随并不意味着完全正确，Messick 的这一效度研究思路并没有起到积极的作用，而是引导心理测量学家逐步偏离了构想效度实现科学测量的研究初衷，向科学测量外围延伸，甚至完全抛弃了科学测量的研究理想，Messick 不断扩充构想效度研究范围，暂时缓解了社会需求的压力，从实用角度来讲，具有解决问题的现实意义，但是心理测验究竟“测到了什么”的核心问题，仍然没有得到重视和研究上的进展。

5.2.1.6　小结

Messick 作为效度主流研究的领军人物，提出了著名的效度证据理论，将效度概念和构想效度研究范围进一步扩大，形成了效度证据丰富多彩的局面，然而，在这看似丰硕的效度证据背后，却存在诸多问题。在证据理论的实际操作性方面，已经有学者对此进行了批判，认为

Messick效度证据理论缺乏实际操作性：

> 效度检验通过多种研究角度，包括经验证据、评价和逻辑判断来接近它的研究任务。但是效度检验始终没有明确“怎样将不同视角的效度检验综合为一个连贯的整体；也就是说，如何将效度检验的多种来源归并为效度一元化所需要的信息”。（Davies & Elder，2005：811；转引自 Davies & Elder，2012：39）

综合Messick的研究可以认为，Messick在实现构想的科学测量方面，没有进行过专门的探讨和论述，只是对构想效度的提出及定律网络做了简略的介绍，可以说，Messick头脑中没有形成对构想的科学解释思路，没有从自然科学的角度研究这个问题。但是Messick并不认为这样的做法欠妥，因为他始终认为并非只有定律网络这种框架才能解决对构想效度的检验问题，他随之提出的多方取证同样遵循了科学研究的思路，因为他坚信，在绝大多数的科学探索中，证据都不是只依赖于一个源头，证据是需要从多方面多角度搜集得来的。Messick认为，效度同样也是一个不断积累证据的过程，获得不同来源的证据越多越好，于是Messick从搜集效度证据的角度，扩充了构想效度的范围和研究内容。其实，科学研究中尽可能多地搜集证据是正确的，关键在于确认是为什么东西搜集证据。如果只是一味地为一个声称要测，而实际上并不明确其究竟是否客观存在的东西大量搜集证据的话，这些所谓的证据最终是站不住脚的。当然，Messick并没有认识到这一点，他在大力推崇证据多样化的同时，没有认识到证据与所测心理特质之间应是怎样的关联，只是凭借主观去判断，因此只能算是将一些外围因素当作证据，然后将这些证据放在一起，看似形成了较大的证据规模，以此来达到对构想效度的证明，实际仅仅是一些材料的堆积。

所以，我们认为，Messick在深受实用主义思想的影响，以及社会对效度研究结果迫切关注的情况下，发现跟随Cronbach最初的逻辑实证主义研究思路，从定律网络的角度深挖心理特质问题，是非常困难的，转而认为定律网络并非唯一实现构想效度研究的方法，于是他在无力实现对构想的科学描述的现实面前，尽可能多地搜集外部证据，以尽可能多的大量证据来表示对构想的证明，也增强主流研究对构想效度检验的信心。这可谓是一个没有什么科学意义的方法，并且引出了更多的混乱与复杂局面。但是 Messick 研究思路及其证据理论因其较强的实用性，仍得到了心理学家们的普遍认同和大力发展。

### 5.2.2 Kane 发展了效度检验的论据法

#### 5.2.2.1 Kane提出效度检验的论据法（argument-based approach）

关于 Messick 效度理论的缺点与不足，上文已经有所提及。在 Messick 效度理论缺乏实际操作性这一点上，House（1980）以及 Cronbach（1988）都曾建议，建构一种基于论据（argument）的效度检验方法来弥补这些缺陷。基于诸多效度研究专家对效度一元化理论的评价和改进建议，Kane 提出了效度检验的论据法。

在效度研究中引入“论据”一词，首先是由 Cronbach（1988）提出的，Cronbach 从 House（1977）提出的“评估论据的逻辑”中受到启发，引用了其中的“论据”一词，并表明了自己的观点：

> 我请你考虑使用“效度论据”，而不是“效度检验研究”[①]。（Cronbach，1988：4）

对于这种研究命名的变更，Cronbach（1988：4）的解释是：

> 效度检验需要面对各种各样的严格的听众，因此效度论据必须与概念、证据、社会和个人效果以及价值相联系。

可以看出，Cronbach 将论据的范围扩展到包含一系列因素，涉及概念、证据、社会和个人效果、价值等方面，论据的提出将效度检验的内容扩大了。Kane（1990：8—10）接受论据这一提法，将效度检验的论据分为两类，分别是解释性论据和效度论据：

---

① 效度论据和效度检验研究对应的英文为 validity argument，validation research。

> 对效度检验的分析基于两种论据，第一种是解释性论据。解释性论据包含对测验分数解释的假设和推断。第二种是效度论据。效度论据表示对解释性论据的信任和认可，它有可能是强式的或者弱式的。……解释性论据用来做出更为明确的解释，效度论据用来证明解释有效。

可以说，这一观点成为 Kane 关于效度理论的主要观点，他将解释性论据看作用来提供一个清晰的陈述，描述基于解释和测验结果运用的相关和假设；效度论据则要求综合不同来源的各种证据，证明测验对所声称测量的构想有效。Kane（2006）再次将两种证据综合为效度检验的过程，即"效度检验通常包含对分数解释和分数运用的细化（解释性证据）和评估（效度证据）"。

基于上述理解和分析，Kane（2006：17）在第四版《教育测量》中以"效度检验（validation）"作为标题，并在章节开头专门解释了标题的含义：

> 本章标题称为"效度检验"，而不是"效度"，因为这两种标题是有区别的。第一，"效度检验"包含关于分数解释和应用的证据的开发情况，第二，"效度检验"与评价结合在一起，评价是对分数解释和应用的合理性和恰当性进行的评估。……"效度检验"关注的是解释或意义以及影响价值和效果的决策。

显然，Kane 对其扩展的效度论据法非常满意，并于 2012 年再次解释了基于论据的效度检验方法的来源与重要性：

> 关注于解释和测验使用的研究思路是来自于 Loevinger（1957），Cronbach（1971、1988、1989），Guion（1977、1980），House（1980）以及 Messick（1988、1989）等研究者。这个基于论据的效度检验方法同样根植于概化理论（Cronbach，Gleser，Nanda，& Rajaratnam，1972），概化理论强调对所欲

概括的全域分数进行细化。（Kane，2012：10）

从上面的引文中可以看出，Kane（2012：10）认为其提出的解释性论据和效度论据是综合多位学者的研究而形成的，并对他提出的这两个效度论据的创新点进行了总结，归纳起来，Kane所提到的创新之处主要是指在具体的细节方面对测验解释和测验使用进行细化和分类，形成有关测验解释和使用的推导网络或连接，从而建立起效度检验的程序。

可见，Kane的效度观是在Messick的效度理论基础上有所发展的，一方面，Kane认同Messick基于实用主义的综合的效度检验思路，将与测验有关的所有信息都纳入效度研究的范围内，形成了一个庞大的效度检验体系，该体系不仅包括对测验本身的检验，还囊括了测验使用和社会评价等外围因素。另一方面，Kane又发展了Messick的效度理论，增加了对分数解释和应用的合理性和恰当性的评估，也就是说，Kane为效度检验增加了一个评估的功能，试图确保之前声称的各种效度检验是有效的、合理的。这样看起来，Kane提出的效度理论似乎更具科学性，至此Kane进一步发展了Messick“大而全”的效度理论，但是如何评估分数解释和应用的合理性呢？Kane在思考这个问题的时候，回溯到了Cronbach和Meehl提出构想效度时的初衷，并且关注到Cronbach所提出的“构想效度的强式表述”的内容，可以说，Kane在深受Messick效度理论影响的同时，也追溯了构想效度的起源和发展，并且试图将Cronbach和Messick的效度理论相结合，但是他的这一做法只是综合前人研究，并没有触及对心理构想进行测量，得到其客观真实信息这个本质问题。下面具体来看Kane的论据理论中两大论据的主要特点。

#### 5.2.2.2 解释性论据

（1）解释性论据的主观性

在Kane的效度论据中，解释性论据是核心，Kane对解释性论据非常重视，并进行了详细阐释。关于解释性论据，Kane（1990：28）概括了五个特征，分别是：

解释性论据有五大特征：（1）解释性论据是根据测验分数人为创立和关联的。解释性论据可以根据需要被继续开发、修改甚至删除。解释性论据是被创立的，而不是被发现的。（2）解释性论据是具有结构的，通过一些测验分数与规则的假说建立起来的。（3）解释性论据是不断变化的，会随时根据情况得到调整。（4）解释性论据可能在具体情况下需要调整以适应新的情境。（5）解释性论据是开放的，会根据进一步的发展得到调整和完善。

我们根据上述特征可以认为，解释性论据处于发展变化的过程中，是一个动态的解释过程，没有固定的模式或公式，它是根据情况的变化和需要加以调整的，随时有可能被修改、删除。所以，解释性论据是主观性很强的论据，完全依靠人为的想法，需要得到解释和发展。具体来看，Kane（1990：10—13）在其阐述中举了一个关于解释性论据的例子。假设我们有一系列大学数学课程，包括第一阶段学习的常规课程，算术和一门补习代数。补习代数这门课是针对那些还不能直接适应大学算术课的学生而开设的。假设一段时间后，我们要使用一个代数测验来对学生进行分班，将这些学生分入算术课和补习代数课这两个班中。我们的例子就是对分班测验的一个说明。我们认为分班测验的分数是对学生代数学习能力的测验，也是对常规课程的“适应性”测量。得分高于及格线的学生被认为有能力学好代数课程，从而进入常规课程学习。低于及格线的学生则被认为还没有准备好进入常规课程学习，于是他们被分入补习班学习。

对于这个分班测验的解释性论据可能是这样的：

（1）代数学习中的一些技巧是能够帮助学生成功地完成常规课程的学习的，也就是说，代数学习中的技巧是“预先需求”的，那些还不具备这些技巧的学生就难以完成算术课程的学习任务。

（2）分班测验测量的是算术课程当中的代数技巧，这个测验是可信的，并且没有受到其他来源的系统误差的影响。

（3）及格分数的设置是恰当的，在此基础上得分高于及格线的学生掌握了完成算术课程的技巧，而低于及格线的学生则缺少完成算术课程所需要的技巧。

可见，Kane 所列举的解释性论据的具体实例与 Messick 为主的主流效度理论是一致的，旨在满足实际需求，可以根据实际需要随时加以改变，这类论据对于“测验是否测到了它要测的东西”这个问题的回答将永远是令人满意的，只要主观上认为测验得到了那个东西，那么随之得到的解释性论据就会给出一致的证明。

（2）解释性论据的逻辑

Kane 在提出解释性论据的主张后，一直致力于对解释性论据的说明和推广。2006 年 Kane 在《教育测量》第四版中给出了解释性论据实现的流程图，试图以更为直观的视角说明解释性论据的效度检验作用。下图为 Kane（2006：33）描绘的解释性论据图：

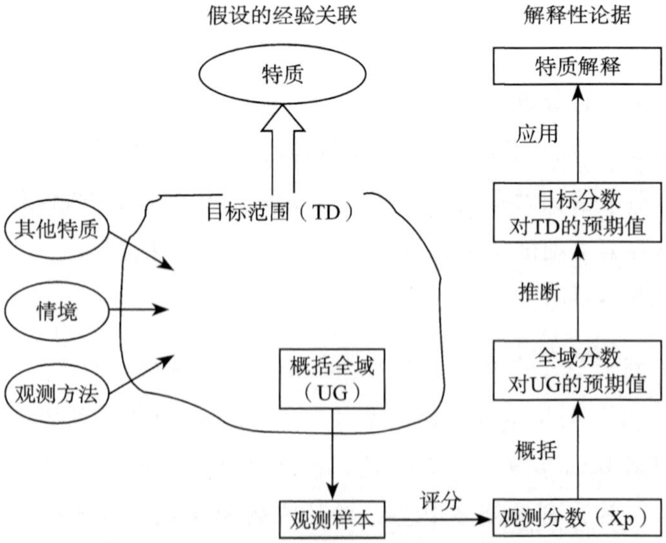


图 15　Kane（2006）描绘的解释性论据图

Kane（2006：34）用上图再次详细地阐述了解释性论据的含义，他说明解释性论据包含了对特质的解释。图示中左侧的目标范围代表了对特质的所有可能观察到的范围，除了潜在特质或属性外，还包括了其他因素的影响，例如观测所处的情境以及各种复杂的观测方法的效应等。对所测特质的总体推广通常是目标范围的一小部分，并且对它的界定要比目标范围更加精确一些，右侧的解释性论据则应用了四种主要的推导过程。如下表所示：

**表 8　解释性论据对一个特质的解释**

| **1 评分** | **从观测表现到观测分数** |
|---|---|
| 1.1 | 评分规则是恰当的 |
| 1.2 | 评分规则的应用是有针对性的 |
| 1.3 | 评分是没有偏差的 |
| 1.4 | 数据符合评分等级量表的要求 |
| **2 推广** | **从观测分数到总体分数** |
| 2.1 | 观测样本对推广的整体具有代表性 |
| 2.2 | 观测样本足够大，能够抵消随机误差 |
| **3 推导** | **从总体分数到目标分数** |
| 3.1 | 总体分数与目标分数有关联 |
| 3.2 | 在推导中不存在系统误差 |
| **4 应用** | **从目标分数到具体描述** |
| 4.1 | 对特质相关的具体应用是恰当的 |
| 4.2 | 观测分数的属性支持特质的具体应用 |

总之，每一项具体的推导都必须具有说服力，任何一项推导的失误都无法完成解释性论据的解释任务，即使其他的推导都成立，但是有一项存在问题都无法令人信服。

Kane 利用图 15 详细地阐释了他提出的解释性论据。心理测量的测量目标是某种心理特质，即图中左上方图形中所表示的特质，目标范围指的是与特质有关联的所有可能观察到的现象，可以看出，潜在特质虽然由目标范围来表示，但是范围中也会受到其他特质、情境以及观测方法等因素的影响，这些因素呈现在图示的左侧，因此目标范围对特质的观察不会是非常准确的。通过抽样将得到一个概括全域。解释性论据呈现在图示的右侧，可以看出解释性论据在解释测验对特质的测量结果时运用了四种主要的推导过程，通过对观测样本的评分得到一个观测分数，观测分数通过概括形成全域分数，然后通过对全域分数的推断形成目标分数，也就是对目标范围的预期值。最后，结合对目标分数的应用得到对特质的解释。

我们发现，Kane 所描绘的这个解释性论据图示，较 Messick 的构想效度证据图来说，具有积极的意义，Kane 所推崇的效度研究不再继续延续 Messick 的扩充思路，而是就效度本身的研究着力探索，可以说 Kane 减少了之前存在的效度研究的繁重负担和繁杂内容。但是从 Kane 对效度研究的理解来看，仍然存在严重的研究缺陷，即在整个假设经验关联和解释性论据的描绘中，Kane 没有明确究竟如何准确、科学地实现对特质的表达，解释性论据流程中最终呈现出特质解释这一项，那么特质解释在多大程度上准确地解释了特质，这些最为重要的问题都没有体现出来。从科学测量的角度来看，特质就是所欲测量的心理构想，但是观测分数并不能作为心理构想客观存在的证据。因为目前为止测验分数并非已知定量的客观存在，分数本身就不具备确定性和定量结构，因此将分数作为与心理构想相对应的客观实体，是不正确的。当然，Kane 从解释性论据的角度分析构想效度检验问题，并通过一系列心理测量学的方法进行推导的研究思路，是值得肯定的，可以说梳理和理顺了之前 Messick 所强调的构想效度多证据并存的繁杂格局，而且也增强了效度检验的可操作性。

#### 5.2.2.3 效度论据

Kane（1990）曾指出，效度论据有可能是强式的或者弱式的。这里所指的“强式的或者弱式的”也是引用自 Cronbach（1988：12—13）区分构想效度的强式表述和弱式表述的主张：

> 弱式表述就是纯粹的探索经验主义；任何测验分数与其他变量的相关关系都是受欢迎的……强式表述在 1955 年首

次提出（Cronbach & Meehl）并且于1982年再次由Meehl和Golden提及，他们号召尽可能准确地提出理论主张，并设计完善的对立假说。

Kane（2001：326）对强式论据和弱式论据的认识是：

没有强式的理论，构想效度的强式表述不可能实现，但是它被当作是一个理想。弱式表述是充分地开放的，与测验分数相关联的任何证据都被认为与效度有关。

可见，Kane对构想效度的强式表述和弱式表述的理解是正确的，同时，他还对这两种表述进行了评价：

实际上，弱式表述招揽的证据太多。在缺乏对效度证据的有效判断的情况下，弱式表述提供的信息对效度研究者并没有什么指导作用。另一方面，强式表述并没有明确表示包含所有的效度检验方法。根据早期的说明，强式表述的形式被保留下来的是基于理论的说明性解释，而不是基于表现的描述性解释。（Cronbach & Meehl，1955；Cronbach，1971；APA，1966、1974；转引自Kane，2001：326）

我们基本认同Kane对构想效度强式表述和弱式表述的评价。正如Kane所理解的那样，构想效度的强式表述在1955年提出时，就是因为研究者们发现了其他效度检验方法（效标关联效度、内容效度）的局限，在这种无奈的情况下提出的，构想效度的强式表述是针对解释构想这一目的而展开的，因此构想效度的强式表述"不应当包括其他所有的效度检验方法，也不是基于表现的描述性解释"（Kane，2001：326）。

构想效度的弱式表述认为与测验分数有关联的任何变量都可以成为效度检验的证据，这一做法正如Kane所说，的确"引出太多的证据"，而且弱式表述所提供的信息，有一些"对效度研究者并没有什么指导作用"。因为，在对心理测量所测的心理特质实现准确的认识和科学的表述之前[1]，诸多与测验分数相关联的因素被纳入效度检验的证据当中，会将效度检验研究变得更为混杂，而对研究进展毫无作用，甚至扰乱研究思路，混淆视线。

由此，我们可以认为，Kane（2001）对构想效度的两类表述是正确的，并且显然 Kane 反对将构想效度的弱式表述作为效度论据，那么在效度论据方面只有强式表述是 Kane 认同的了，但是 Kane 为何不继续研究构想效度的强式表述，在效度论据方面找到更多的证据，转而花费更多的精力去研究解释性论据呢？因为 Kane 虽然对构想效度的强式表述心存敬意，认为“构想效度在效度理论发展中具有转折点的作用”（Kane，2001：339），但是他对构想效度强式表述的实现不抱希望：

> 构想效度的最初构想集中在界定正式理论的理论构想方面。这种用公式化表述的方式是简洁的，但是在教育和社会科学领域，这类正式理论的确立却非常稀少，构想效度的强式表述不能够像它的理想形式那样得到应用。在构想效度强式表述方面虽然已取得了一些进展，但是构想效度模型的表现仍然是抽象的。因此构想效度的界定是松散的无法进行广泛的应用，强式表述处于停滞的状态。（Kane，2001：327）

Kane（2001：327）在承认构想效度强式表述的实现困难重重的同时，仍然表达了他对强式表述的认可：

> Cronbach 和 Meehl（1955）提出的强式表述虽然有局限性，但是具有强大的效力。它要求提出理论假设和总结，在科学中理论检验是非常重要的，问题在于这种方法在尚未得到完善发展的测验领域还没有应用的空间。

Kane 在论述中肯定了强式表述所要求的理论假设和证明，认为理

① 文中“准确的认识”是指找到与心理特质相关联的可观测变量，“科学的表述”是指对心理特质与观测变量之间的关系用定律表达出来。

论假设和证明在科学理论中非常重要，从这些理解中可见，Kane 对科学理论的检验有所了解，但是他并没有详细说明科学理论的要求，也没有遵循科学理论的要求找出理想中的强式表述与科学理论间的差距，以及如何弥补差距等更有研究价值的问题。所以，我们认为 Kane 也只停留在理解的表面，没有深入思考心理构想如何测量这个问题的实现。

#### 5.2.2.4　小结

我们从 Kane 的论述中发现，Kane 全面接受了 Messick（1989）的效度理论观，他主张将分数解释和评价等多方面内容纳入效度研究中。与 Messick（1989）有所不同的是，Messick 只是提出了多种证据，将效度研究扩展到与测验有联系的各个方面；而 Kane 在此基础上，对效度研究的论据进行了分类，也就是上文提到的解释性论据和效度论据两大类。与此同时，在效度论据上，Kane（2006：24）在原有的 Messick 效度理论的基础上，强调了对理论评估的重要性："对解释或测验分数的运用进行效度检验，就是对这种运用或解释的理论进行评估。"

Kane 在继承 Messick 效度理论的基础上，在实际操作方面做出了努力，例如他尝试建立包含推理和假设的网络，对可观测特质的效度检验和效度证据之间的差异进行比较，等等，这些具体实践对 Messick 效度观点的推广和主导地位的巩固是十分必要的。

Kane 的进步之处在于他不仅接受 Messick 在实际操作层面上的效度检验理论，而且重新关注到"构想效度的强式表述"这一层面，也就是构想效度的科学研究层面，并且提示心理学应该分清这两个研究层面，操作层面因为能够尽快地解决实际问题而得到重视和广泛应用，但是科学研究层面也不容忽视，虽然"这种方法在尚未得到完善发展的测验领域还没有应用的空间"，强式研究尚处于停滞状态，但是它是非常重要的，需要不断地研究和钻研。可以说，从 1955 年构想效度理论首次提出至今，在半个多世纪的时间里，构想效度理论层面的研究一直处于止步不前的状态，一度被遗忘和忽视，因此构想效度的理论研究也呈现倒退的局面。Kane 在 20 世纪 90 年代重新提及构想效度的理论研究，是一种研究思路上的进步，虽然他仅限于表面地陈述，但是也是值得肯定的。Kane 同时也承认，Cronbach 和 Meehl（1955）提出构想效度，在效度理论发展中具有转折点的作用，构想效度强调理论构想。但是，在接下来的效度理论研究中，Kane 所关注的仍然是全面的效度论据，仍以“构想效度的弱式表述”方式进行着（Kane，2001：339）。可见，Kane 也只能暂且提及一点对强式表述的遗憾，而无力挽救这一局面，仍然沿着 Messick 的研究轨迹走下去。

### 5.2.3 Messick、Kane 影响下的构想效度研究

自 20 世纪 80 年代，Messick 引入测验效果、社会文化等构想效度检验证据，提出多角度、多方面搜集效度证据的构想效度理论后，Kane 作为 20 世纪 90 年代新生的主要效度理论家，在遵循 Messick 构想效度理论的同时，强调效度检验的论据方法，尤其是解释性论据的重要作用，虽然 Kane 的效度观与 Messick 基本一致，但是 Kane 提出的构想效度研究方向较 Messick 更为集中，减少了效度研究的冗杂和繁复，使构想效度研究更加明确和具体。值得注意的是，这两位效度理论研究的主要代表人物都缺乏对心理构想进行科学测量的探索，背离了构想效度作为效度理论提出的本意。虽然 Kane 对构想效度提出时的初衷和本质认识比较清楚和透彻，但是也没有继续从科学解释的角度研究构想的科学测量问题，而是以困难重重为由，转而投向 Messick 社会学的研究思路，远离实现科学测量的目标和理想。

在两位效度研究领军人物的影响下，出现了一批效度理论研究者，他们遵从和追随 Messick 和 Kane 的研究思路，并在前人的研究基础上，提出了各自的构想效度研究主张，虽然这些想法各有千秋，但是从根本上讲，仍然忽视了科学测量，以及心理构想作为测量对象需要实现定性分析和定量分析的要求。因此，虽然当前的构想效度研究理论多样、成果丰硕，但是心理测量迈向科学测量的脚步却停滞不前，而且在科学理论探索上越来越混乱。

具体来看，当前的主流构想效度研究，主要集中在强调证据的多种

来源、效度检验的语境因素和实用主义、社会因素的作用、对效度论据的展望等一些方面，由于效度理论研究者众多，所持观点和主张也不尽相同，我们仅对一些有代表性的学者的主张进行简单的评述。

5.2.3.1　围绕 Messick 效度理论的研究

20 世纪 80 年代以来，随着社会对心理测验需求的增加，理论构想研究尚未成熟，绝大多数效度理论家都从实际应用的考虑出发，倾向于追随 Messick 的效度理论，从各个方面搜集效度证据，强调证据的有效性和多样性。

Angoff（1988：29）表达了对 Messick 效度理论的赞同和崇敬，主张多方面地搜集效度证据：

> 我们从 Messick（1975、1980、1981）的说明中获益良多，对效度概念的认识已经从半个世纪以前的狭窄的效度概念，发展到了包含意义、价值、道德等应用问题。

Sireci（2007、2009）对主流的效度理论进行了回顾和论述，提出效度概念变得过于复杂，应该找出一个简化的方案。他回顾和梳理了历年 APA 对效度的命名，如下表所示：

**表 9　Sireci 梳理的历年 APA 的效度命名**

| 出版物 | 效度命名 |
|---|---|
| APA，1952 | 范畴：预测、陈述、内容、共时 |
| APA，1954 | 类型：构想、共时、预测、内容 |
| APA，1966 | 类型：标准关联、构想关联、内容关联 |
| APA，AERA，& NCME，1974 | 方面：标准关联、构想关联、内容关联 |
| AERA，APA，& NCME，1985 | 范畴：标准关联、构想关联、内容关联 |
| AERA，APA，& NCME，1999 | 证据来源：内容、反应过程、内部结构、与其他变量的关联、检验的效果 |

在此基础上，Sireci（2009：30）提出了一个基于“效度证据五个来源”的效度检验框架。这五个来源分别为：测验内容、反应过程、内部结构、与其他变量的关联、检验的效果。Sireci 强调，我们需要效度

证据的多种来源，包括基于理论和主观判断的，基于统计分析的证据等，以此来调整测验使用和分数解释。可见，Sireci 的效度研究主张与 Messick 是一致的。

Osterlind（2006：88）认为，效度概念包含三个组成部分：

> 第一，效度指的是在特定评估情况下对测验分数的解释，效度不是一个特定工具的特征。第二，效度检验包含一个正式的、评价的过程。第三，效度是对心理学的一个探索。

与此同时，Osterlind（2006：99—110）还引用和借鉴了教育和心理测量标准所提出的证据建议，其中包括基于测验内容的证据、基于反应过程的证据、基于内部结构的证据（如因素分析、IRT、MTMM、效度系数和决策系数、概化理论、估计标准误）、基于与其他变量相关联的证据以及基于检验效果的证据。

可见，Osterlind 对效度理论的认识基本遵从于 Messick 效度理论，认为效度研究需要囊括一切与效度有关的内容和方法。正如 Fiske（2002：176）所说的那样：

> 我们关注于我们使用的每种测验的效度，不仅是所有测量程序的效度，还有研究设计的效度，实验方法的效度，以及我们归纳推断的效度。从根本上说，构想效度包含了研究的所有方面。

此外，Gorin（2007）认为效度不是单纯地检验对或者错，效度是一种判断。在效度研究和效度检验过程中，效度应该得到新的证据和解释的评价。Bachman（1990、1996、2005）则是从语言能力的构成方面进行了多次论述，建立了著名的交际能力模型以及效度检验框架等，他从特定领域（语言测验）角度，通过对语言能力的划分和探讨来研究构想效度的实质问题。

就在最近几年，Davis 和 Buskist（2008：58）将几乎所有的效度类型都整合归并在一个巨大的伞盖之下。

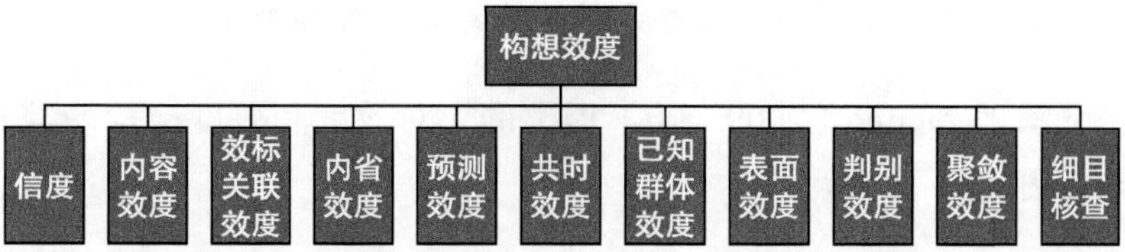


图 16　Davis 和 Buskist（2008）的效度类型图

可以看到，在 Davis 和 Buskist 的理解当中，内容效度、效标关联效度、内省效度、预测效度、共时效度、判别效度、聚敛效度、表面效度、已知群体效度、信度以及细目核查都属于构想效度的研究范畴。[①]构想效度可谓无所不包。

总之，当前大多数效度研究者都在 Messick 提出的构想效度六大证据的基础上，对效度证据的种类和划分进行增加或合并，构想效度研究的范围越来越大，随之而来的混乱和问题也将不可避免。

### 5.2.3.2　对 Messick 和 Kane 效度理论的扩展

#### （1）强调效度的综合认知判断

除了遵循 Messick 的效度证据观，一些心理学家还在效度研究中加入了其他的因素，形成新的效度检验理论图示。

Zumbo（2009：69）认为，对测验分数的解释不仅仅是一个逻辑的问题，或者因果解释的问题，还是一个语用学的问题。因此，Zumbo 提出了一个基于语境的效度观点：

> 从根本上说，我认为效度检验在更高层面上包含整体认知过程的概念。下图描述了效度的综合认知判断的四个核心组成部分，以及效度检验的过程：效度、心理测量学、社会

① 根据 Davis 和 Buskist（2002）的解释，"内省效度"是指研究者要回过头来内省那些已经获取的与构想有关的信息。"判别效度"是指一种技术，用来比较使用同一种方法对不同特质的测量结果之间的不同。"聚敛效度"也是一种分析技术，用来考查对同一种特质采用不同方法所得结果的一致性程度。"已知群体效度"是用来检验测量的目标群体与其他群体的差异的一种分析方法。"细目核查"是用来评估研究者想要获得的研究效果。（Davis & Buskist，2002：58—59）

效果以及应用问题。这些方面紧密结合，互相影响。

下图即 Zumbo（2009：70）提出的，对效度和效度检验的综合认知判断图。

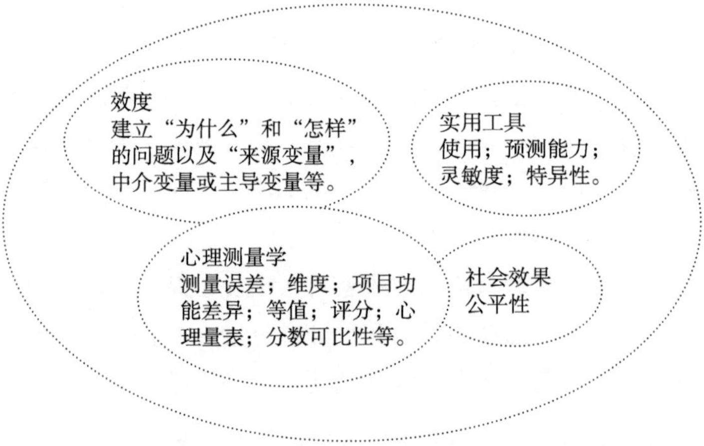


**图 17　Zumbo（2009）的效度检验综合认知判断图**

根据 Zumbo（2009）对上图的解释，效度与实用工具、社会效果以及心理测量学是彼此独立的，但是效度又由这些因素组成。另外，实用工具、心理测量学以及社会效果可以通过调整得到推广，而效度则要求更多，效度需要对这些因素做出解释。

Zumbo 认为，他对效度定义的解释以及对解释推论的支持，都来自于测验分数的具体情况。效度检验过程本身就是由效度概念组成的，效度检验过程包含了对统计方法的思考，例如使用心理学以及心理测量学中的相应方法来建立和支持对解释的推论。效度检验过程同样包含实用工具的应用以及测验使用的证据。例如决策的敏感性和具体化问题（考试结果通过或失败）。关于社会效果则与 Messick（1998）的效度观点一致。

关于上图对效度和效度检验的综合认知判断的描绘，Zumbo（2009：70）的总结是：

我提出这一解释方法的本意，是如果我们想要知道一个人为什么以某种方式来应答题目，或一个人为什么取得某一等级的分数，那么就需要在测验与构想之间建立推导的途径。根据这一观点，只有当我们建立起一种对测验反应变量做出解释的模型，并且该模型能调整或体现反应结果时，效度才能建立起来。

（2）扩大社会因素的作用

在构想效度研究方面，不少学者都在以Messick构想效度理论为基础，阐述个人对于构想效度检验的理解和创新。Wiley（2002：225）就提出了一个扩展的效度框架：

> 效度根本上是关于解释的。在大多数的传统意义上（如Cronbach，1988、1989；AERA、APA、NCME，1985）认为解释是对分数的解释。我更倾向于提出一个解释扩展的效度框架，这个框架中不仅包含分数，还同样包含了构想。

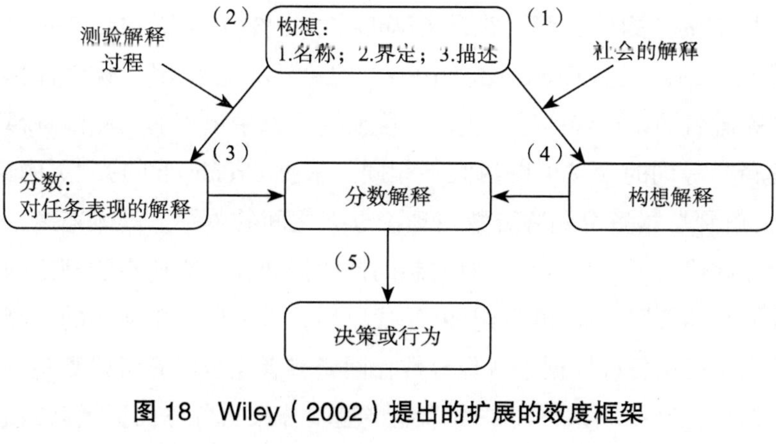


**图18　Wiley（2002）提出的扩展的效度框架**

Wiley对这个框架的解释如下：

> 1. 构想→构想解释，属于构想的[社会]效度。
>
> 一方面，构想本身就是一个解释。我认为构想通常在测量中使用，用来指出（1）一个测验测量了什么，或

者（2）一个测验能测量什么。另外，一个构想含有一种特定的关联，是测验分数与传统的测量框架下测验分数与其他标准的关联。

2. 构想→分数，属于[心理测量]的构想效度。

分数的构想关联是构想效度的主要部分。

3. 分数→分数的解释，属于[社会]因素方面。

4. 构想的解释→分数的解释，属于[社会]因素方面。

分数解释是联系（1）分数价值和（2）构想解释的中介角色。

5. 分数解释→决策或行为，属于[社会]因素方面。

根据上图显示的 Wiley 的扩展效度框架及其对这个框架的解释，我们认为，Wiley 对效度研究存在两大误解和错误：第一，Wiley 对效度研究中的“解释”一词理解有误，或者说受到了其他学者的误导，没有弄清楚“解释”的真正含义。其实，并不只是 Wiley 对“测验解释”这个说法存在误解，绝大多数的心理学家对这个词的理解都存在问题。可以说早期的“测验解释”是从 Cronbach（1957）介绍 Meehl 的主张时开始使用的，包括 Cronbach（1964）的论述中也使用“概念解释”一类的关键名词，这些称呼与主流效度研究文章中出现的“测验解释”“分数解释”等词的含义可以说大不相同。根据 Cronbach（1957）的论述，“测验解释”指解释测验分数与理论框架之间的关系。具体来说，就是测验分数代表了一种构想，对构想的证明需要在构想所在的理论网络中寻找关联和答案。而 20 世纪 80 年代以后，效度研究中使用的“测验解释”则是运用各种证据来解释分数，回避或者完全没有考虑测验分数与理论构想之间的联系，而是简单地将测验分数与各方面证据联系起来，导致分数解释随测验解释者的主观判断而定。正因为后期的主流效度研究者并不知晓“测验解释”的真正含义，才出现了对“解释”一词的误解。

第二，Wiley 在扩展的效度框架中，过多地关注社会因素，与其他的效度学家一样，没有着力探究构想的实现要素。从图示中可见，Wiley 在对分数和构想的五种解释关系中，认为四种都属于社会因素方面的效度，由此可见 Wiley 对社会因素的重视。其中，Wiley 认为从构想到对构想的解释过程中，社会因素非常重要，这一理解并不恰当。Wiley认为构想含有一种特定的关联，就是测验分数与其他标准的关联，这样的构想解释又回到了效标关联效度的研究中，那么对构想解释的准确性则可想而知。其他的对分数的解释等均被Wiley划归社会因素范围，Wiley 对效度的理解依赖于社会等外在因素，而这些因素具有很强的主观性，与构想效度检验对科学测量的客观实在性的要求背道而驰，所以我们也再次表明，当前的效度理论学家大多数转向了社会学的研究思路，而忽视或回避在心理学中很难实现的自然科学研究要素，但是回避并不代表不存在，心理学同样需要准确的测量，对心理构想进行定性和定量的分析，心理学迫切需要对科学测量的关注和发展。

（3）语言测验中 Kane 效度论据法的应用

针对 Kane 大力推荐的解释性效度论据，Chapelle（2012：26）具体到语言测验领域的效度论据研究，总结了他在语言测验中对 Kane 的解释性效度论据的具体应用：

**表 10 Chapelle（2012）语言测验效度论据研究**

| 论点，问题 | Kane 效度论据法的贡献 | 在语言评估中的应用 |
|---|---|---|
| 测验和目标范围取得一致 | 解释性论据区分出目标范围，概括全域以及观测样本。 | 测验开发者应具体区分这三部分与分数意义之间的关联，并支持相关假设。 |
| 评分方法 | 解释性论据将评分从关联性推导细化为分数意义。 | 测验开发者需细化解释性论据中的关联以及评分程序中的假设。 |
| 构想界定 | 一个基于理论界定的构想包含解释性论据。 | 测验开发者需界定测验构想，区分相关假设，并支持研究假设。 |
| 使用和效果 | Kane 的解释性论据提供应用的结构和空间。 | 测验开发者细化既定决策和测验分数使用的效果。 |
| 效度论据的可接受度 | 清楚、具有说服力并且合理。 | 效度论据的可接受度需要更好地细化，并且它们的资格需要得到认可。 |

可见，Chapelle 在 Kane 提出的解释性效度论据的基础上，声称结

合语言测验的实际情况，总结了上表的内容。但是从表中的具体内容可知，Chapelle 的总结较 Kane 笼统的效度论据来讲，并没有什么可以指导具体实践的阐述，Chapelle 也在空洞地介绍解释性论据如何在语言测验中应用，而没有明确测验开发者该怎样区分、怎样细化相关的假设和关联等因素，可以说 Chapelle 在其结合语言测验具体实践的阐述中，缺乏对实现解释性论据的可操作性指导和建议，使得读者从上表中获得的仍旧是比较抽象和空泛的内容，他跟 Messick 和 Kane 一样，都限于理论上的描述，而缺乏实际应用的指导。

### 5.2.4 主流效度研究的实用价值及其弊端

根据上文对构想效度丰富的证据和论据的评析，我们可以明确，以 Messick 和 Kane 为首的主流效度理论家们遵循的研究思路和框架不再以自然科学（如物理测量）为范例，也就是不再从科学测量的角度获知有关心理构想的准确信息，而是转向人文主义的研究视角，从实用性和操作性入手，不仅将所有的效度检验类型都纳入构想效度研究框架下，还开拓了社会、价值、道德等方面的因素，形成了一个“大而全”的效度概念，并且使得构想效度研究变得更加复杂和多样。我们应当认识到，效度的解释性论据理论研究，由评分、推广、推导和应用等推导过程组成，每一个推导过程都会呈现具体的研究和调查程序，这些效度研究证据代表了一种不同的效度检验方法，这种方法不同于以往教育测量（Cronbach & Meehl，1955；Messick，1989）和教育评估中所采用的积累证据的方法（Bachman，1990；Weir，2005）。因为以往积累证据的方法很难确定需要搜集哪种证据，也不能确定需要多少种证据才足以实现效度检验（Shepard，1993）。而解释性效度论据由不同种类的推导过程组成，不同的推导程序能够对效度研究所需的不同类型做出具体检验（Chapelle，2008）。正因为解释性论据推导过程的系统性和可操作性，这一效度研究思路得到了效度研究者们的关注和认可。在实际应用方面，当前国外考试运用解释性效度论据进行分析的报告非常少见，目前只有国际大规模语言水平测试 TOEFL 考试运用解释性论据理论对

TOEFL 机考（IBT）做了详细的效度研究（Chapelle 等，2008）。国内心理与教育测量界也关注到这一论据理论，田霖、韦小满等（2014）结合该理论对自学考试的效度研究做了初步的设想，但尚未发现对某一具体测验进行解释性论据检验的细化研究。“这种缺乏效度论证的情况，很容易导致考试分数的误用，也很容易使考试受到批评和攻击。”（谢小庆，2013）Kane（2012：4）承认效度研究面临很多困难：

> 效度研究出现很多困难需要解决，它不会像一些学者期待的那样，答案是简单的或有程式可以套用的。一些效度研究视角倾向于技术化（例如预测模型，对差异的统计模型等），另外有一些研究视角则主张进行逻辑上的思考（例如因果关联），还有一些研究视角主张分析宽泛的社会问题（例如公平性，预期效果和非预期效果等）。

从上文的总结和评析中可以看到，根据主流效度研究的观点，构想效度研究涉及多个领域，例如测量技术的开发，对测验的公平性的检验，对测验的使用效果的调查，以及有关社会、道德因素的思考等诸多方面。我们认为这些看似丰富多样的效度证据研究，实际上是增加了构想效度研究的难度和负担：

> 我认为 Messick 主张的效度在本质上是个空泛的概念，他将所有的重担都交给了效度检验。Kane 随后附和 Messick。在 Kane 的文章中，他声称自己讨论效度检验：“效度检验在规则上是简单的，但是在操作上是困难的。”（Kane，2012：15）可见，Kane 同样发现具体地讨论效度检验是困难的。（Davies & Elder，2012：41）

我们可以看出，随着效度主流研究的扩展和大量研究的深入，已经有学者包括 Kane 本人，开始意识到效度论据理论的弊端和缺点。但是他们对该理论的批判仅停留在实际操作层面上，认为效度证据研究在实际操作上并不理想，这一认识的局限性表明，他们并不能够真正地解决构想效度研究问题，因为这些主流效度研究者的思路还禁锢于效度的超测量范围内，没有回归到构想效度提出的本质，从科学理论上探究构想效度问题，没有将心理构想作为科学测量的第一要素，探究该测量对象究竟是什么，以及该测量对象是否客观存在等实在性问题。所以说，主流效度研究在未探及心理构想的本质信息前，无法解决构想效度检验问题，也无法证明心理构想理论的有效性。主流效度理论的超测量视角加剧了构想效度理论研究的杂乱无章，同时也混淆了部分心理学家的研究思路，模糊了他们曾试图从测量角度探究心理构想的视线。当今仍然占据主导地位的主流效度研究距离科学理论研究更加遥远了。

## 5.3 本章总结

根据之前的评析，我们发现，对于尚不成熟的心理学研究领域来说，从逻辑思维和科学测量进行的研究进展得很不理想。相比之下，基于社会学研究视角的效度证据理论则备受欢迎，且在效度研究领域长期占据主导地位。我们称这一类效度研究为主流效度研究。

纵观构想效度研究的发展历史，我们可以看出，效度研究受到外部社会环境的影响，政治、经济、文化等诸多社会因素都会影响到心理测量及其效度研究。二十世纪六七十年代，随着当时社会大变革的发生，社会需要将道德、公平性等评价因素加入到心理测量领域中，于是效度研究思路也随之发生了改变，作为评价测验质量的重要标准，效度自然也被心理学家加入了上述外在因素，以满足社会需求。我们认为，这便是主流效度研究产生的社会背景。

至于效度研究领域内部，同样存在主流效度研究产生的契机。Cronbach 作为构想效度的倡导者之一，他的研究和观点也影响到主流效度研究的产生。首先，Cronbach 本人在对构想效度的探究和对定律网络的应用方面，遇到了极大的困难，正如上文总结的那样，Cronbach 于 20 世纪 70 年代开始屈从于现实困难，并在构想效度的强式表述和弱式表述并存的情况下，倾向于弱式表述的研究。可以说，Cronbach 的这一研究态度直接影响到构想效度理论的探究。其次，Cronbach 在构想效度研究中，强调分数解释的表述也引起 Messick（主流研究的核心人物）的误解。陈宏（2012：4）对此分析道：

> 重要的是我们注意到，其实 Cronbach 的评论中一直包含了一种倾向，就是在讨论效度问题时，关注的焦点并不是测验的性质，而是根据测验分数所做推论或者对分数的解释的性质。这种倾向很容易被当作一种暗示：效度这一特性是超出测量过程以外的。
>
> 强调效度的超测量特性成为新的效度和效验理论的一个最突出的特征。在 Messick 看来，效度关系到对测验分数的解释与涉及测验的理论基础、实证研究数据及社会后果这样一个更复杂的系统是否一致，因而“是一种综合性的价值判断：即来自经验的证据和理论方面的论证在多大程度上保证根据测验分数或其他评价方式做出的推论和决策是充分和恰当的”（Messick，1989）。

由此可见，主流效度理论的产生是受其社会环境和研究状况的背景影响的。可以说，Messick 和 Kane 作为主流效度研究的主导人物，对定律网络的认识都是基本正确的，但是他们看到了前人研究的困难和局限，于是对定律网络仅停留在表面陈述的水平，并没有深入探究定律网络所强调的科学说明框架，主动回避了这个困难，继而转向一个新的视角，从社会学方面入手，将社会文化、道德、测验的有用性等外界因素纳入效度框架内，形成了效度证据多样化的研究格局，无论是 Messick 的效度证据理论，还是 Kane 发展的效度论据法，以及在这两位学者的带领下，其他追随者后继加入的认知、社会因素等内容，无不隶属于 Messick 的效度证据理论。所以当前整个主流效度研究都是在搜集效度证据的主导思想下开展的，McNamara（2009：48）对 Messick 研究地位做出了较为正确的界定：

> 尽管 Messick 在方法论上的细化研究已经为 Kane 等学者所接受和扩展，但是 Messick 对效度证据的界定依然是效度检验领域最广为接受和认可的。

正是由于 Messick 在效度研究领域中的核心地位，他提出在效度研究中加入社会文化等因素的观点，也得到众多研究者的认同和支持。Messick（1988：35）对自己的研究也给出了积极的评价：

> Messick 的主要贡献就在于他将测验论据与宽泛的社会和道德联系起来。他将效度刻画为一个简单且连贯的问题。Messick 坚持认为效度研究需要统一的方法，“基于分数所做的推导的恰当性、意义和有用性是不可分割的……这个整体的核心在于对构想的解释”。

Cumming（1996：7）也认同 Messick 提出的效度研究思路：

> Messick 并不是一个没有经验的学者，他所做的是为了提出一个建议，就是测验使用的社会效果必须得到评价。

然而，在我们看来，Messick 的效度证据理论并不具有上述贡献，而是进一步使构想效度研究脱离科学理论的研究层次，将其放入繁杂的社会因素中，形成更为混乱的局面：

> Messick 的关注点集中在理论效度方面，而不是效度检验的实际操作层面。但是，效度检验是必要的，而 Messick 并不对效度检验感兴趣，他把效度当作一个抽象的甚至空泛的概念。实际上，Messick 通过将效度范围扩展至社会和道德层面，而增加了效度研究的难度。（Davies & Elder，2005：799）

其实，我们并不否认效度主流研究的价值和作用，但是需要澄清的是，当前取得丰硕成果的主流研究仅限于实际应用层面，这些成果对于构想效度的科学研究层面并无贡献，可以说，构想效度科学理论方面的研究从二十世纪七八十年代以来呈现出倒退的局面，几乎没有学者关注科学理论层面的思考和探索。那么，逻辑实证主义观点在未来的效度研究中，是否能够给心理测量领域提供一些解决办法呢？毫无疑问，如果我们继续沿着 Messick 的社会学视角探究构想效度问题，“我们今天所面对的经济、政治以及智力研究上的混乱将会继续”( Rogers，1995：751 )。

# 第 6 章

# 心理构想的实在性与构想效度研究的理论性

关于构想效度研究这个心理测量界的中心议题，我们之前用四个章节对其进行了综述与相应的评析，包括第二章概述了构想效度研究的发展演变历程，归纳了构想效度研究存在的争议；第三章回溯到构想效度提出的本意，明确了倡导者 Cronbach 和 Meehl 从逻辑实证主义视角探究心理构想，从归纳逻辑入手创立定律网络的研究历程。我们在认同两位学者的研究思路的同时，遗憾地发现他们在确立定律网络后，却没有继续探寻定律网络所必需的外在可见实体，以及这些可见实体与心理构想之间的定律连接纽带。因此，构想效度的逻辑实证主义研究因其较高的实现难度，和研究者对其的妥协与陌生逐渐淡出研究范围，仅成为一个历史记载；第四章则从测量的视角，回顾和总结了主要的心理测量学家对心理构想的测量，其中包括 Stevens 提出的操作主义的测量定义，这一定义引领一批心理学家忽略构想，只关注赋值。Michell 从定量的角度创立科学作业和工具性作业两类定量作业，同样为了强调心理构想定量的重要性。我们认为，这些从纯测量理论角度探究心理构想定量结构的心理学家，实际上同样是在研究构想效度的问题，只是他们没有明确地使用“效度研究”的字样，没有将自己归入效度研究者的行列中。这些心理测量学家的研究是有价值的，但是他们忽略了心理构想的客观实在问题，构想效度研究的测量视角同样要求测量对象（心理构想）的实在性，这一点是实现科学测量的第一要素，也是心理测量目前所欠缺的；第五章中，我们又回归到以“效度”命名的传统研究领域，对 20

世纪 70 年代至今的构想效度研究进行了综述，处于主导地位的研究思想是从社会学视角解释心理构想，这一研究思路完全放弃了对心理构想实现科学测量的本意，而是从社会经济、政治、道德、公平性等人文主义因素来考虑问题，由此构想效度研究范围不再局限于理论、定律网络或者定量结构等方面，而是成为一个万花筒，几乎包含了与心理测验有关的所有内容，其中测验的社会性占据了大半比例。但是，“这样一个完全靠假设构建起来的效验推论链条是十分脆弱的，因为假设终究需要证实：测验所测特质不仅存在于构想，而且有其实体”（陈宏，2012）。可以说当今的效度研究极大地满足了测验使用者和社会群体对构想效度的解释需求，但是却偏离了构想效度理论性的创始本意，且距离理论层面的研究越来越远。

至此，我们明显地觉察到，虽然我们用三章内容来综述和评析构想效度的三种不同研究视角和状况，但是构想效度究竟是什么，该如何证明心理构想的有效性，如何实现对心理构想的测量，仍然没有一个定论。随着时代的发展以及人文主义的兴起，构想效度的涵盖范围愈发丰富多彩。面对今天多种多样的心理测验，我们反而无法在理论上明确地说出一个心理测验究竟测量了什么，我们最常用的效标关联效度，由于其自身的循环论证问题，无法真正地回答理论层面提出的这个问题。目前这些基于操作主义的测验开发和效度研究，最终带给我们的是关于心理构想的不可知论，这是无法推动构想效度研究在理论层面上取得进步的。

基于上述状况，我们将展开本研究的正面论述。我们将从理论研究层面来探究构想效度，针对构想效度的多种论证给出我们的主张，表明我们的理论见解和观点，即构想效度研究要探究心理构想的实在性①，突出构想效度的理论性本质。

---

① 实在论，强调真实的存在或与真实存在的关系。就最广泛的哲学意义上说，把任何一种不依人的观察和思考为转移的存在作为人的知识对象的观点都可以成为实在论。(《不列颠百科全书》(国际中文版)，1999，14：172）本研究在此提出探究心理构想的实在性，就是强调要找到与抽象的心理构想相对应的客观实体，这一客观实体的存在表明对构想效度的探究是客观的，不随人的主观意愿和思考而转移的。

## 6.1 构想效度是证明构想理论有效

构想效度自 1954 年首次提出，就表明了其理论研究的定位是“证明理论的有效性”（APA，1954）。然而，这个看似明确的定义却引发了后续大量的误解与混乱。根据前文对构想效度以及构想概念的阐述，针对这个多年来颇具争议的问题——“构想效度究竟是指什么有效”，我们的观点是构想效度是证明构想理论有效。

### 6.1.1 构想是理论研究的一部分

既然构想效度是对理论的有效性的证明，那么在对构想效度的阐述中，就不能忽略理论这个因素。但是实际上，真正做到这一点并不容易，很多研究者在构想效度看似简洁的定义之后，对构想效度定义的重新解释和扩展都是存在问题的，我们在第二章的概说中已经有所提及。下面我们来看心理测量界几个表述较为正确的构想效度定义。

Henning（1987）对构想效度的理解比较准确，解释也比较到位：

> 建立构想效度的目的是，证明被测量的潜在的理论构想本身是有效的。一般说来，建立构想效度的过程始自一个心理结构，而这结构就是正规理论的一部分。这个理论能够做出某种预测，即预测这个结构会怎样运作，或在一特定环境中会受到什么影响。如果假设的结果出现了，则假说得到支持，而结构可以说是有效的。通常这需要在各种条件下做一系列的检验。（Henning，G.，1987：97—98；转引自常晓宇，2001）

从 Henning 给出的构想效度定义中，我们可以看到他将构想效度检验放入理论证明中考虑，认识到心理构想是理论的一部分，需要与理论证明一致。应该说，Henning 对构想效度检验的理解和研究思路是正确的。但是从我们看到的 Henning 对构想效度的具体检验中，我们发现 Henning 等人（1990）对 ACTFL 等级大纲的设定以及口语面试的构想效度分析，均采用了多特质多方法矩阵的效度检验技术。1992 年 Henning 等对交际能力本质的探索，是从一些具体的变量入手，建立了一个关于交际能力的模型。可以说，Henning 对构想效度的实际检验更多地关注于具体的检验，并没有与理论分析密切相连。

Anastasi（1982）对构想效度的解释则偏重于各个方面的信息：

> 测验的构想效度就是测验在多大程度上可以说是测出了理论构想，或理论特质。这类结构的例子有智力、机械理解力、语言流利程度、行走速度、神经过敏、焦虑等。找出上述每个结构，为的是解释观察到的反应，并把这些反应组织起来。构想效度着眼于更宽泛、更持久、也更抽象的描写，因此构想效度需要不断积累来自各方面的信息。所有涉及这种特质的因素以及影响到对特质的解释的因素，都在构想效度的考虑范围之内。（Anastasi，A.，1982：144；转引自常晓宇，2001）

Anastasi 的上述构想效度定义强调了心理构想的理论要求，并列举了一些心理特质作为例子。但是在理论的具体证明方面，Anastasi 没有进一步解释，她只是强调需要积累多方面的信息来解释心理特质，这种笼统的说法无法区分 Anastasi 遵从的是理论证明的测量视角，还是社会学解释的实用主义视角。因此，我们认为 Anastasi 的构想效度定义只能说是基本正确。

总之，对构想效度的理解和研究离不开理论的证明，构想效度检验应遵循科学理论的研究要求，而不是仅仅声称“构想理论”的口号，需要有具体的实际检验，这一切都不能脱离科学理论的研究方法和规则要求。心理测量界对构想效度的解释各有说法，究其原因，我们认为可以归结到两大方面：第一，对构想效度中“construct”的含义理解有偏差。根据 Cronbach（1990：159）所述，“Construct 来自 construe；一个构想就是以一种方式对观察到的东西进行解释”。而根据我们对这两个词语的义项查阅，发现 construct 和 construe 的意义有所差异，这些细微差异很容易造成日后不同学者对构想效度的不同理解。第二，关于构想效度的本质问题，虽然其提出时的本意是证明理论的有效性，但是绝大多数心理学家并不真正理解理论证明的过程和要求，因此虽然声称是对构想理论的检验，但是依然是从与效标相关关联中寻找证据，作为证明理论的过程，而此类检验思路和方法并没有探究“心理构想是什么”这一根本问题。这一点显然距离理论证明还差得很远。

## 6.1.2 澄清有关构想效度的几个问题

### 6.1.2.1 构想效度的第一要务是明确“测到了什么”

早在 1936 年，Lindquit 就认为“效度是一个程度问题”，各种效度定义中也多见“测验在多大程度上测到了所欲测量的东西”之类的表述。仔细分析这一类表述，可见首先应明确的是所欲测量的东西，这个测量目标确认后，才可涉及测量得如何的问题。也就是说，构想效度首先要回答“测到了什么”，然后才是“多大程度上测到了它”，这一点是十分重要的。“试想，如果我所测量的目标就是错误的，那么我对这一目标测量的程度越高，效度就越差。”（常晓宇，2001）

当前的心理测量领域的做法，是将“测什么”与“测得如何”这两个问题的研究次序颠倒了过来，我们来看 Borsboom 等人对当前心理学中的做法所做的梳理和批判：

> 对比一下，对“心理学工具测量的是什么”这个问题的回答，一般不是指出它们的工作原理，而是指出它们与其他工具的关系。这种处理方式就把“测的是什么”的问题变成了一个测验编制完成之后再来回答的问题。所以，这里的区别就在于一种概念把效度看作人们塞进工具里的东西，而另一种概念把效度看作有待事后发现的东西。心理学家倾向于把效度看作实证经验问题，即测的是什么的问题要靠数据回答。然而，一个世纪以来测验编制和测验分析的经验清楚地表明，如果测验不是首先根据某种有关项目反应过程的理论

> 来编制的话，就很难发现分数出自何处。……所以，我们现在认为，问题可能不是先测量，然后再找出当前正在测的是什么，正相反，这个过程必须反过来运行。确实，似乎如果我们确切地知道我们打算测的是什么，那我们很可能就知道怎么测了，而且效度检验研究就算仍有必要，这种需要也是极少了。（Borsboom et al.，2004，陈宏译，未发表）

从上述引文可见，Borsboom 等人（2004）对心理学的效度研究的逻辑顺序进行了批判，我们认为这种批判是很有必要的。正如 Borsboom 所说，心理学将所测的心理特质（即“测的是什么”）这一核心问题搁置到施测后，用所得的分析数据来回答，也就是说不同的分析结果会形成不同的对心理特质的解释，并且会产生一些无关的人为主观因素。由此，心理学根本得不到对于心理特质的准确认识和描述，那么“测的是什么”的问题一直没有真正地得到回答。现在正如 Borsboom 等心理学家所阐述的那样：“如果我们确切地知道我们打算测的是什么，那我们很可能就知道怎么测了，而且效度检验研究就算仍有必要，这种需要也是极少了。”

#### 6.1.2.2　构想效度既涉及理论又涉及测量

Cronbach（1990）曾指出：

> 许多证据凑在一起才能对某一个解释提供支持。正面的结果证明测量有效，同时也证明构想有效。一旦理论没有得到证实就需要寻找一个新的测量程序，或者寻找一个与数据拟合更好的概念。

在这里，Cronbach 的表述中隐含了一个信息，即构想效度证明的成立，需要提出的理论和实施的测量均有效。例如电阻在未被证明之前，也只是一个构想，这个构想在理论上被描述为电阻与电流和电压有关联。正因为无法直接观测到电阻，于是研究者通过欧姆计测量得到一个固定的数学表达式，也就是今天的欧姆定律，从而确定测量有效，欧姆计这个测量工具也是有效的，提出的电阻这一构想则同样有效，这样一来就实现了对电阻构想及其构想效度的证明。因此，构想效度研究既涉及构想理论又涉及具体测量。

### 6.1.2.3　心理构想需要证明其客观存在

心理与教育测量的本质在于根据被试在某些观测指标（如测验项目）上的反应对其在测验所要测量的某种心理属性上的状态（status）或程度（magnitude）进行推断（inference）和标定（calibration）。（Mislevy，1996）由于心理与教育中的绝大多数被测量的属性，像智力、个性、数学能力等都无法直接观测，这就决定了测量过程必须建立在若干假设的基础上。例如，在测量某个心理属性时必须假设该属性的心理现实性（即该属性的存在），心理属性的结构和个体变异性决定了个体在相应观测指标上的反应的结构和变异性等。（Borsboom，Mellenbergh & van Deerden，2004；转引自杨向东，2010：1349—1350）这说明心理构想的提出与确立在科学理论研究中的重要作用。但是仅凭研究构想探究心理特质的信息是不够的，心理构想需要被证明是客观存在的实体。

Hughes（1989）强调了构想的主观性：构想一词“指的是一种语言能力理论所假设的任何潜在的能力（或特质）”。值得注意的是，构想来源于人的主观假设（构想的本义为“思维的产物”），而心理特质[①]则是客观实在的。因此，构想不等于心理特质。心理特质是客观实在，不是人创造的。构想与概念、观念、理论是近义词，是人创造的。正如波普尔（1956）所说，“理论是我们自己的发明物，是我们自己的观念……是我们自己创造的思想工具”（转引自常晓宇，2001）。但是，心理构想终究是主观假设的产物，它必须经过经验证实，证明其具有客观实在

① 心理特质（或心理特性）是不可以直接测量的。在心理学里，心理特质往往被称为“结构（construct）”。所谓结构，是假设的概念，是科学家们富有洞察力的科学想象的产物，科学家据此建立解释人类行为的理论（Crocke & Algina，1986：4）。在语言测验里，“语言能力”“语言交际能力”等也都是人的心理特质，它们都不是可以直接测量的，只能通过语言行为进行推断。（转引自张凯，2002：21）

性，才可等同于已知客观存在的心理特质。贸然将二者混同，则漏掉了证明心理构想的实在性这一关键步骤。

### 6.1.3 小结

关于“构想效度究竟是指什么有效”这个颇具争论的课题，我们认为，构想效度是证明有关构想的理论有效。因此，心理构想作为一种主观假设，其客观存在需要被证实。这一重要环节需要通过找到对应的客观实体，并在主观构想与客观实体之间建立固定的关联来完成。只有明确了测的是什么，且该测量对象客观存在，具备定量结构，才有可能准确地测量到它。这个依存于理论的心理构想，必须经过测量才能实现对构想效度理论的证明。因此，测量同样是理论证明不可缺少的一部分，构想效度研究与测量密切相关。

## 6.2 构想效度研究离不开科学测量

通过上文的阐述可以明确，部分科学理论的成立，需要对构想（尚未得到证实的事物属性或性质）进行测量，并得到构想与可观测变量之间的数量关系（即定律关联）。其中，测量是必不可少的，正因如此，也注定了构想效度研究测量视角的合理性和必要性。然而在第四章的构想效度研究测量视角的阐述中，我们已经指出，心理测量对心理构想所进行的测量是走了捷径的测量活动。

我们认为，在阐述心理测量时应注重测量对象的“确定性”和测量的“准确性”。我们所谓的“确定性”，就是指测量对象的确定性，也就是测量行为究竟测的是什么东西，在心理测量中，也就是所测的心理构想是什么。要开展测量活动，确定性包含了两个层面的要求，首先测量对象是客观存在的，也就是测量对象本身就是客观实体，或者有客观实体与之相对应；其次测量对象具有定量结构，可以实现测量的可比和可加操作。“准确性”则是在明确了测量对象的基础上，通过测量活动科学、准确地刻画测量对象，例如尽可能多地满足科学测量所需的要素，找到测量的绝对零点、单位等，实现对测量对象的最精确测量，最理想的情况就是实现比率量表测量。

而目前的心理测量，在忽视了心理构想的确定性的情况下，盲目追求测量结果的准确性，这种准确性只能是看似准确的。下面，我们首先从科学测量的相关知识入手，梳理心理测量现状及其主要特征。

## 6.2.1 科学测量的组成

### 6.2.1.1 测量的定义

"测量对科学是极为重要的。"（特拉斯特德，1979：70）测量是科学研究中不可缺少的一部分。究竟什么是测量，《不列颠百科全书》（国际中文版）对测量的界定是：

> 测量是从定义测量对象开始的，它总是要涉及将测量对象与一个同类的已知量相比较，如果测量对象是无法靠近去做直接比较的，就需要把它变成一种模拟的测量信号，因为测量时在测量对象与观测者或观测仪器之间总会有相互作用，所以就总会有能量交换。（《不列颠百科全书》（国际中文版），11，1999：47，北京：中国大百科全书出版社）

可见，《不列颠百科全书》中对测量的界定，首要关注的是测量对象，强调测量活动是从测量对象的界定开始的，并且认为测量需要将测量对象与一个同类的已知量相比较，例如直观的桌子长度测量，首先确定测量对象为桌子的长度，同类的已知量是米尺，我们可以将桌子的长度与米尺的长度进行比较，得出桌子的长度。但是绝大多数的物理测量以及所有的心理测量，所测的测量对象都无法像桌子一样直观可见，《不列颠百科全书》中测量的界定也解释了这种普遍的情况，即"如果测量对象是无法靠近去做直接比较的，就需要把它变成一种模拟的测量信号，因为测量时在测量对象与观测者或观测仪器之间总会有相互作用，所以就总会有能量交换"。也就是说，"模拟的测量信号"与测量对象是不同的，但是二者之间存在关联关系，通过对模拟的测量信号的测量，可以达到对测量对象进行测量的目的。

所以，《不列颠百科全书》中的测量定义，明确了测量对象的首要地位，也就是明确测量的是什么东西这个问题，需要首先得到答复。在测量对象无法直接测量的情况下，则通过模拟的测量信号来实施测量。在这里又出现了一个问题，即如何证明测量了模拟信号，就能够测量到测量对象呢？模拟的测量信号与测量对象之间应存在怎样的关联，才能保证这一程序是有效的？

我们再从与之相似的构想测量的过程中寻求信息，之前提到，只有当构想与已知的观测实体之间的关联关系可以纳入一条科学定律时，才可以认为对构想的测量是有效的，构想是成立的。因此，测量的重要性毋庸置疑。

#### 6.2.1.2　测量的要素

（1）测量对象是测量的第一要素

我们从测量的定义中可以看出，无论是在测量领域，还是在科学理论的证明过程中，或者是构想效度研究中，“测量对象”或“构想”的明确界定是最为重要的。当我们拿到一个测量工具，或要开发一种测量工具时，我们首先要明确的问题就是——这个工具是用来测量什么的？测量对象是什么？这才是保证有效测量的第一步，也是测量对象重要性的体现。

在科学测量的测量对象问题上，Kline（2000：83—84）也有所阐述，他认为“测量最终反映或呈现的是现实”，“测量体系必须呈现真实世界中的某个东西”。也就是说，测量对象必须是现实中的实体或者像《不列颠百科全书》中界定的那样，测量对象与虚拟的测量信号有关联。虽然 Kline 在谈及科学测量的要素时，没有突出强调测量对象的重要地位，但是他将这一要素排列在一系列要素的首位，体现了 Kline 对测量的本质的重视。

其实，将测量对象作为测量的第一要素并非本论文的独创，早在

2004年，张凯把测量的要素归纳为四个：测度（测量的对象、可测量的属性）、测量单位、数字（实数）系统、零点（0）。其中，测度被张凯（2004）排在了测量要素的第一位，他认为测度是非常重要的一个概念。针对“测度”这个令心理学领域颇感陌生的概念，张凯（2004：61）对其来源给出了说明：

> 简明不列颠百科全书（p. 201）有一个还算通俗的解释：（测度是）数学中，对于不是由区间或矩形组成的某类点集而言的长度或面积的概念的推广。抽象地说，测度是使集合对应到数的任何一种规则，具有非负性和可加性，即两个不相重叠的集合的并集的测度等于他们各自的测度之和。

根据对上述引文的理解，张凯（2004：61）对测度的解释为：

> 测度就是可对其进行测量操作和数学运算的东西（属性、维度）。从更直观、更通俗的角度讲，要想测量，总得有东西可测，没有可测的东西，测量就谈不上；所谓可测的东西，就是测度。

总体来说，关于测量的第一要素问题，《不列颠百科全书》中对测量的界定隐含了测量对象的首要地位，但并没有加以注明；Kline在列举科学测量的要素时，虽然将测量对象的本质问题放在了要素的首位，但是也没有对测量对象的首要地位进行明确表态；只有张凯（2004）鲜明地提出了“测度”的概念，并强调测度是测量的首要因素，因为必须明确测量的东西是什么。我们想要明确所测的心理构想究竟是什么，需要借助于测量来对其进行科学的描述和解释。

（2）测量单位、零点和实数

除了上文提到的测量对象（或测度）作为测量的第一要素外，测量还需要其他几个因素，分别为单位、零点和实数。

测量单位也是测量的要素之一，物理学家早已清楚地指出，测量中仅有数字是不够的，明确的单位也必不可少。特拉斯特德（1979：39—40）指出：

> 任何测量出的长度都不是绝对的量，而是一种比率，是一种用相应的标准测量出的长度之比。当我们说赛程是100米的时候，实际上是说赛程是我们标准长度的一百倍。这一点对所有测量结果均为真，测量出来的量表达的是被测量的物体与特定标准单位的关系。这就是在测量中必须将所用之单位标明的原因所在。光说某种东西的长度为3是不够的，必须要说明它是3厘米，3米，还是3千米。

哈瑞（1985：79）的说法也是类似的：

> 科学家工作的特点是建造仪器，操作仪器。许多实验操作是测量操作，操作的结果是数值。一般地说，测量操作的结果是数字和标准的乘积。完成的测量操作可能给出类似5×1米的结果。

迪昂（1999：132）也说过："如果没有单位，测量所得的信息是很不完备的。"

因此，单位是一个基本量，它的作用是充当比较的标准，单位都是人为规定的。当明确了测量对象或测度后，我们清楚地知道测量了什么东西，那么单位则是根据需要所做出的人为划分和规定。

在此，我们将测量单位的地位排在测量对象或测度之后，因为单位的确定，是要依据测量对象的，只要明确了测量对象，单位可以是任意划定的。但是也有大力推崇测量单位作为科学测量首要要素的观点，例如Kline（2000：84）就认为：

> 测量的单位才是科学测量最具特征的概念，因为单位能够明确地分辨测量了什么东西。明确了测量单位，就很少需要效度证据了，因为测量的是什么已经毫无疑问了。例如我们不可能质疑我们使用米尺测量长度。另外，准确性也可以

得到保障。值得强调的是，测量单位使得我们不再怀疑我们测量到了什么。

Kline 的上述观点看似很有道理，但是他在声称将单位作为测量最重要的特征时，忽略了一个问题，即如果连测量的是什么东西都不知道的话，单位的意义又何在呢？如果不能明确测量对象是物体的长度，那么“米”这个单位又有什么含义呢？Kline 的“单位能够明确地分辨测量了什么东西。明确了测量单位，就很少需要效度证据”的观点，是在测量对象已经确认的基础上得来的，因此 Kline 夸大了单位的作用。实际上，单位值得重点强调，单位可以使测量更为精确，但是无法满足测量的确定性，也就是确定测量了什么东西。

（3）小结

根据上文的分析，可以确定测量对象是测量的第一要素。需要注意的是，测量对象可能是可见的操作实体，可以对其进行直接的测量操作，例如“长度”，也可能是间接地需要通过其他途径获得信息的属性，例如“温度”“质量”。也就是说，如果我们得到一个测量结果，但是不知道测的是什么东西的什么属性，那么这种测量就是失败的。因此，测量对象应该位于测量要素的首位，是最重要的因素。其次才是单位、零点和实数的问题。

### 6.2.2 定量与测量

Kline（2000：84）强调指出：

> 在测量开始之前，特质的定量结构需要被详细阐述。没有这一项研究，任何的测量程序都只是推测性的，而不是科学的。

Frollo（1999）也持同样的观点：

> 测量的概念是与观测物连在一起的。我们所观测到的，

> 无论是直接的还是间接的观测，都是某具体体系的一系列特质。如果我们的观测是准确的，那么这个观测物一定是定量的，因为具体体系具有定量属性，只有当它们以数字的形式存在的时候。

上面两位学者都是在强调特质的定量结构问题，认为具备定量结构的特质，才是可以测量的。其实他们的说法都是含混的，虽然都有道理，但是没有弄清楚测量与定量的关系。从根本上来说，测量活动包含了定性研究和定量研究，其中定性是测量的第一要素，定量同样是测量非常重要的一部分。

#### 6.2.2.1　定量分析与定性分析

为了明确心理测量中广泛出现的“定量（quantify）”一词，我们需要从化学研究中的定性化学分析和定量化学分析的概念入手。《不列颠百科全书》中对定性化学分析（qualitative chemical analysis）的界定是：

> 对样品中所含元素或基团进行鉴定的化学分支。定性分析所用技术的复杂程度各异，取决于样品的性质。在某些情况下，仅须确证某些元素或基团存在与否，为此可直接对样品进行特效试验（例如焰色实验、点滴试验）。在更多情况下，样品是复杂的混合物，为了鉴定所有的组分，必须进行系统分析。习惯上定性分析为两类：无机定性分析和有机定性分析。无机样品的经典系统分析是分步进行的。首先是干法初步试验，包括检出碳或水等组分的存在，……当分离出一个组分后，进一步确证它的存在并确定其含量（定量分析）。(《不列颠百科全书》(国际中文版)，14，1999：69）

从上述定性分析的界定中可见，定性分析是为了鉴定化学样品中的元素，也就是明确分析的对象是什么。具体到定量化学分析（quantitative chemical analysis），《不列颠百科全书》的界定是：

> 对样品中一个或几个组分的量或百分含量进行测定的化学分支。定量分析包括多种方法，由各种方法的依据概括起来可分为化学方法和物理方法。化学分析方法主要有：重量分析（gravimetric analysis）和容量分析（volumetric analysis）。物理方法则涉及测定某些物理性质的参数，如密度等。分析一个样品常须几种方法配合使用：定性分析是样品分离和鉴定待测组分；定量分析是测定该组分的含量。分析天平是所有定量分析的基本工具，它用于精确称量样品和沉淀物的重量。（《不列颠百科全书》（国际中文版），14，1999：69—70）

从上述引用的定义中可以看出，定性分析是鉴定样品中所含元素或基团，就是为了明确分析的东西究竟是什么，定性分析所涉及的样品多是复杂的混合物，需要分离出样品所包含的多种组分，并通过定量分析来确定每个组分的具体含量。

由此可见，化学研究作为目前发展得比较成熟的学科，对样本的测量同样是严格遵循科学测量的要求的，首先明确测量对象的情况（即定性研究），同时根据测量对象的具体情况进行定量分析，获得更为准确的信息。心理测量要实现对心理构想的科学测量，同样也要遵循这个研究思路，在定性研究的基础上进行定量研究，将定性研究与定量研究相结合，实现对心理构想的科学探索。所以我们之前提到，测量活动包含了定性研究和定量研究两个方面，其中定性研究是第一位的，定量研究也是不可或缺的一部分。

而心理测量学家是否认识到了这一点，则需要从他们的论述中加以辨别。Michell 作为心理测量学家，大力推崇对心理构想的定量研究，指出“定量的特征是有序性和可加性”（Michell，1990：51），并认为“测量的途径必须从寻找定量开始”（Michell，1990：65）。

从 Michell 的这些关键表述中，我们可以判断，Michell 并没有意识到定性研究的重要性，丝毫没有涉及定性研究（鉴定事物是什么）方面的内容，而是仅仅关注于定量研究，强调有序性和可加性的发现和证明，Michell 的这一思路我们在下文中还将详细阐述。

至于在定性研究的基础上，如何确定所测事物（样本）的定量特征，Holder（1901）详细说明了一条关于定量的公理：

> 如果一个特质具有定量结构，那么根据规则就是可测的。因此，两个大小值，a 和 b，a 与 b 的比率是一个正实数，且是以 b 为单位对 a 的测量。从这个过程可以得出，科学测量包含两个过程：（a）发现特质的可加结构；（b）计算大小值之间的比率。（转引自 Kline，2000：83）

可见，如果一个特质具有定量结构，则这个特质一定具备有序性和可加性的特征，根据 Holder 的测量公理，这个特质就是可测的，可以对其进行测量。

#### 6.2.2.2　定量的分类

根据亚里士多德和欧几里德的观点，测量和定量是一致的。Michell（1990：9）也支持这一观点，并且介绍了亚里士多德的研究：

> 亚里士多德把定量看作现实的一个基本范畴。他把定量划分为离散的和连续的两种。离散量是自然数字（如数字 1，2，3……）。连续量叫作测量值，他试图把变量划分成如长度、时间、重量、体积等之类的量。

结合 Michell（1990）的解释，以及第四章中的简介，我们对这两种定量的理解是：所谓“广延”定量，就是占据空间、时间的变量，如长度就是一个典型的广延变量，如果想要得到长短不一的两根木棍的总长度，可以直接将两根木棍的长度相加，也就是说长度的每个测量结果是可以直接比较和相加的。“内涵”定量如温度测量，无法像长度测量那样进行简单的相加操作，因为温度不像广延定量那样，可以直观地比较和相加，如果我们将两种液体混合后得到一种新的液体，混合液体的温度并不能等于之前两种液体的温度之和。要想得知新液体的温度，则需要利用水银温度计重新测量混合后的液体。这两种现象是非常容易理解的，但是对这种现象的解释却不能过于简单。Michell（1990：10）对此的解释为“内涵定量与广延定量的差异不是在于内在构造和可加结构，而是在于它们的外部关联与对象行为的不同。这些关联很少是直接的，大多都比较复杂”。综合之前的相关研究，我们将两种定量的差异用下表展示：

**表 11　广延定量和内涵定量的差异**

| 定量类型 | 测量对象 | 测量工具 | 测量对象与工具的关系 | 可否直接将部分相加求和 |
|---|---|---|---|---|
| 广延定量（长度） | 长度 | 尺子 | 一一对应，单位“米”。 | 可。例如两个 1 米长的木棍总长 2 米。 |
| 内涵定量（温度） | 温度 | 水银温度计 | 水银柱高低变化与温度有线性关系，单位“摄氏度”。 | 否。例如两瓶 20 度的水混合后温度不是 40 度。 |

需要明确的是，无论是广延定量（如长度）还是内涵定量（如温度），在明确了测量对象及其定量结构后，使用测量工具对它们进行测量所得的结果，是可以互相比较大小和相加求和的。例如 3 米比 2 米长，50 度低于 80 度。

### 6.2.2.3　定量与测量的关系

除了上文提到的亚里士多德和欧几里德提出的定量与测量一致的理论观点外，Kline（2000：83）表达了类似的观点：

> 一些特质被证明具有定量结构之后，才是可以测量的。长度就是一个具有定量结构的特质。大小数值是可测量的，因为根据定量结构，数字存在于比率关系中，比率可以表述为实数；因此，科学测量就是计算一个定量单位的大小值与相同特质的一个单位之间的关联。如果定量结构存在，那么一个量的大小值就存在于这些数字关联之中。

根据 Kline 的主张，一个特质只有是定量的，才能进行测量活动，并且在测量中，特质的大小值是通过与一个定量单位的比率计算得出的，也就是测量的定义：Q=r*[Q]，其中 r 是实数，[Q] 是单位，Q 是特质的值。Kline 在论述中以长度作为例子，他头脑中默认定性研究已经完成，长度已经得到确认，之后的定量研究显得似乎更为重要。对于没有定性分析和定量分析背景知识的研究者或读者来说，就容易误解定量研究是最为重要的，定量和测量具有同样重要的地位。其实根据上文引用的相关概念以及分析，可以明确测量与定量之间的关系是十分密切的，测量包含了定性和定量两种研究，确认测量对象就是定性分析的过程，在这个过程中要想获得复杂对象的准确信息，就要将定性分析与定量分析相结合，两者缺一不可。定性分析首先确认测量的是什么，但是对测量对象的具体、准确的掌握则需要相应的定量分析，所以测量包含了定性分析和定量分析，测量与定量是一种包含和被包含的关系。

#### 6.2.2.4　小结

我们在介绍了测量及其要素，明确了测量对象的第一重要性之后，接着引入了与测量密切相关的另外一对概念，定性分析与定量分析，其中与定性分析相比，定量分析在心理测量中得到广泛关注。但是需要注意的是，要想准确获知测量对象的信息，就必须进行定性分析对其加以确证，同时对其组成进行定量分析获得准确的测量结果。根据 Michell（1990）的阐述，如果一个变量是定量的，那么它的值就具有一种特定的构造，这些值是有序的和可加的。我们结合前人的研究，将定量分为广延定量和内涵定量，这两类定量的最大不同在于它们各自与外部的关联存在差异，广延定量可以用直观的加法得以解决，例如对几根木棍的总长度进行测量，可以将木棍首尾相连形成一根木棍进行测量；但是内涵定量与外部的关联则要复杂得多，例如温度测量，就不能如长度测量那样简单地操作。这些学者的相关陈述，都是建立在定性研究的基础上的，也就是已经确证测量的是什么东西。

在此，我们有必要强调之前提出的“确定性”和“准确性”这两个关键词。我们认为这两大特征也对应了定性研究和定量研究。具体来说，要明确测量行为测的是什么东西，只有这样才能保证测量和定量的确定性，明确测量的是“这个东西”，而不是“那个东西”，也就是定性研究。准确性是与测量单位以及实数体系等其他测量要素密切相关的，在明确了测量对象后，要准确地测量出对象的量，需要探究测量对象的定量结构，明确定量的有序性和可加性，并通过已有的基础单位和导出单位，获得对测量对象的数字化表达，也就是实现测量对象在实数体系中的表达。总之，科学测量包含了定性和定量研究，测量活动离不开对测量对象的确定性研究和对测量对象的大小值的准确性研究两大方面，心理测量也不应例外。

### 6.2.3 心理测量与科学测量的差异

#### 6.2.3.1 心理测量的现状

根据上文的阐述可以明确，测量的概念是与观测物连在一起的，也就是说，测量需要有可观测物作为依据。我们所观测到的，无论是直接地还是间接地观测，都是某具体体系的一系列特质。由此可以发现，如果要得到准确的测量，不仅要明确测量对象，同时也要探究测量对象的定量结构，只有得到测量对象本身的结构的相关信息，才能开展测量活动，正如 Michell（1990：63）所说，“测量是一个程序，通过定量变量与其他值之间的数量关系，来识别这个定量变量的值”。也就是说，定性研究与定量研究是不可分割的。对于心理特质这一类看不见、摸不着的测量对象，只有在假设其客观存在且有对应可见实体存在的情况下，才可探究其定量结构，以此来确保对心理特质这一测量对象的准确掌握。具体来说，如果我们假设某种语言测验测量的对象是语言能力这个构想，单单这样声称是没有实际意义的，需要找到与语言能力相对应的实际观测物，并且这个实际观测物是已经获得证明的定量属性，最为重要的是在语言能力与实际观测物之间发现定律关系，也就是固定的数量关系。这样，我们就实现了对语言能力这个测量对象的确定性研究，并通过已知定量的属性和定律关系证明了测量对象的存在，同时证明了测量对象的定量结构。

因此，明确测量对象以及确定测量对象的定量结构，是心理测量需要解决的关键问题，同时也是构想效度研究的核心问题。基于上述对测量和定量的理解，以及物理测量范例的呈现，我们必须承认，目前的心理测量与科学测量的差距仍然很大，集中体现在上述测量对象（心理构想）的确定性以及测量结果的准确性方面（实现可比、可加操作）。面对这两大难题，心理测量是如何应对的呢？

（1）心理测量中的虚拟测量对象

心理测量中的测量对象，都是不可直观加以测量的心理属性。但是要测量，就必须有测量对象，而且必须是直接可操作的测量对象，这样才能达到具体的测量条件。为此，张凯引用了 Stephens（1968）提出的“直接测度（measure）”和“指标（index）”的概念：

> 所谓直接测度，就是由观测变量构成的连续体，而指标是由推断变量构成的连续体。“如果被测量的是一个观测变量，那我们就有了一个直接测度。如果你想‘测量’一个推断变量，那你的测量工具只能给你显示一个指标。”（转引自张凯，2004）

为了便于理解，张凯（2004）用“推断测度”一词代替“指标”，形成了“直接测度”和“推断测度”这一对概念。心理测量对心理属性的测量，必须找到一个直接测度，通过对这个直接测度的测量，间接地去测量那个推断测度。

通过间接的方法实现对推断测量对象的测量的方法，不仅存在于心理测量中，在物理测量中也大量存在。我们熟悉的温度测量，就是典型的间接测量。通常情况下，我们用水银温度计测温度，温度即为测量对象，但是温度无法直接加以操作测量，因此是推断的测量对象，那么就需要找到一个直接的测量对象进行操作，在反复的实验中科学家找到了水银计的长度作为直接对象，并且在水银计的长度和温度之间确立了固定的数量关系：

> 用水银温度计测温度是典型的以反应为中心的测量。它利用的原理是，温度的均匀上升或下降，会导致水银柱均匀地变长或变短。在一定范围内，温度每上升一度，水银会增加一个单位的长度；反过来，温度每下降一度，水银则缩短一个单位。水银的伸缩，是对温度变化的反应，所以，这种测量是以反应为中心的。在这个过程中，被赋值的只有水银的长度，而温度的值是从长度值转换过去的。（张凯，2004）

要想达到对推断测量对象的测量，就必须通过对直接测量对象的刻画来间接实现，其中最为重要的是在二者之间找到特定的数量关系。刚才列举了一个物理测量的例子，那么心理测量中对测量对象刻画的情况如何呢？我们以语言能力测量为例加以说明。

我们一再强调，在所有的测量要素中，测量对象是任何测量都必须具备的，否则无法知道测的是什么东西。在心理和教育测量中，能够直接操作的测量对象可以说根本不存在，因为我们想要测量的东西都是人的心理属性，或者叫作潜在特质，这种潜在特质既不可直接观察，也不可直接测量。以语言能力的测量为例，我们无法用语言能力去测语言能力，只能用语言能力的产物，即一些语言材料去测。测量语言能力需要使用一些测验中的试题作为刺激物呈现给被试，被试根据这些试题做出回答，也就是通过被试对试题的答题反应来表现他的语言能力。显然，我们所能看到的和测量的是心理属性对刺激物的反应，与上述的水银温度计测温度一样，心理和教育测量也是以反应为中心的测量。

语言测验声称是对语言能力的测量，那么语言能力就是测量对象。但是所谓的语言能力是一种潜在特质，是不可直接观察、不可直接测量的，因此语言能力是一种推断测量对象。接下来需要确定语言测验的直接测量对象才行，在语言测验中，我们会给被试呈现一系列的题目，作为刺激物要求被试作答。测验题目作为刺激物不会出现任何变化，不符合我们对直接测量对象的可操作运算的要求。另外还有一个因素是被试的答案，被试在接受题目刺激后做出的反应就是答案，而且这些反应在很大程度上反映了被试的语言能力，如果我们能把反应作为直接测量对象，来间接刻画语言能力这一推断测量对象，重要的是找到它们之间的特定数字关系，这个问题就圆满解决了。但是问题在于被试的反应并不能简单地构成一个可测量的直接测量对象：

> 反应构不成测度的原因是，每一个反应的量都可能是不确定的，因此没有一个量可以定义为标准量。这时候，如果希望把这个不可测量的变量变成可测量的测度，我们可以使用统计方法，这种方法我称为“奎特勒方式”。（张凯，2002）

张凯（2002）提到的奎特勒方式，其实就是常模方式。这种方式的本质在于使不可测的变量变为可测的直接测度，做法就是通过把群体的特征集中起来，让它形成正态分布，再用正态分布的特性去刻画群体中的个人。正态曲线是轴对称的钟形曲线，如下图所示：

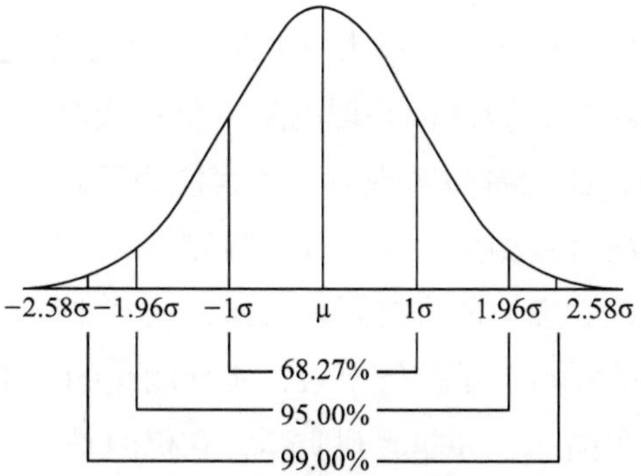


**图 19　正态分布曲线**

至此，可以说一个虚拟的直接测量对象就产生了，这个测量对象就是一个群体的某个特征，为了刻画群体中的个体，或者对不同的个体进行比较，我们首先实现了对这个群体的刻画，也就是虚拟了直接测量对象，使得心理测量（例如语言测验）能够在这个虚拟的测量对象上进行测量。

如此看来，心理测量中的测量对象问题似乎得到了解决，“奎特勒方式”实现了心理测量所需要的直接测量对象的问题，同时被试个体之间可以进行比较。但是需要注意的是，心理测量的测量对象问题并没有真正解决。以语言测验为例，为了测量个体的语言能力，我们对一个群体在语言测验上的反应用正态分布刻画出来，形成了虚拟的测量对象，但是这个直接测量对象是虚拟的，而语言能力测量并不是找到这个虚拟的直接测量对象就可以大功告成的，这个“奎特勒方式”仅仅是为了确保测量的实际应用，满足社会需求，我们真正需要的直接测量对象不是虚拟的，而是客观实体，而且这个实体已经证明是存在且定量的，如同基本单位一样，可以用它来推导出导出单位。除了需要找到一个客观存在的直接测量对象，更为重要的是找到直接测量对象和推断测量对象之间的特定数量关系。而现在的情况是，直接测量对象是以正态分布为表现形式的虚拟对象，推断测量对象则是被试的语言能力，这二者之间的特定数量关系尚未找到，而且几乎没有人提及。我们应当清楚地认识到，心理测量利用正态分布虚拟直接测量对象，在实现科学测量方面具有十分重要的作用，但是这一成果并非最终结果，正态分布仍然摆脱不了其“虚拟”的本质，因此，心理测量中仍然面临着更为严峻的问题。以语言测验为例，我们希望实现对“语言能力”这一心理构想的证明，因为语言能力无法直接测量，属于推断的测量对象，要实现对语言能力的测量，就需要建立虚拟的直接测量对象，通过正态分布的性质，可以建立测量所必需的零点、单位等要素，实现测量的基本要求。但是对一个群体的正态分布描述，并非客观实体，它仍旧是一个虚拟的对象，与语言能力相对应的实体尚未找到，实体与抽象的语言能力之间的定律关系也无从考察，所以说，语言测验虽然实现了对具体个体的语言水平之间的比较和刻画，但是并没有从根本上说明语言测量究竟测量到了什么，也就是说，语言测量没有真正测量到语言能力这个构想。

我们将语言测验目前存在的问题用下图表示：

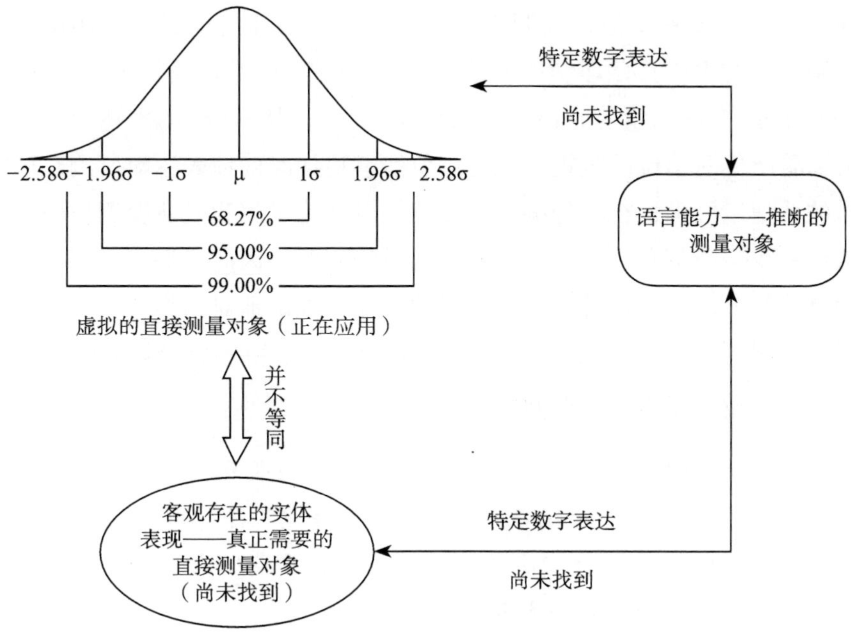


**图 20　语言测验的现状和存在的问题**

可以说，常模的作用“就是为不可测的东西和不确定的东西提供测量所必需的条件——测度、零点和单位”（张凯，2002：186）。

我们认为，张凯（2002）阐述的虚拟测度解决方案是有道理的，这个方式能够在实际操作层面为不确定的心理构想提供测量所必需的测度、零点和单位。但是值得说明的是，虚拟的测度终究是虚拟的，其真实实在性是不够的，要想真正测量到心理构想，还需要在理论探索上从实在性角度，探求心理构想的外在实体表现，如图 20 所示。

（2）心理测量中的单位和零点

单位问题，是科学测量的要素之一，也是心理测量中需要关注和思考的问题。目前的心理学，已经通过“奎特勒方式”（张凯，2002）虚构了一个测量对象，并在这个测量对象上根据正态分布的性质规定出零点和单位。零点规定在中轴线上，一个标准差（SD）可以定义为一个测量单位。可以说在这种情况下，心理测量中的单位问题已经解决。关于确定单位的重要性，Fiske（2002：176）提到，“我们使用单位可以使研究更为成熟，但是我们不能确定是否在最佳的情况下使用单位”。Fiske 同时列举了心理学中存在的类似问题，“例如我们不能感觉到 Spearman 的 G 因素能告诉我们具体是多少”。从 Fiske 的表述中，我们可以看出他对单位的重视，认为单位能够更加准确地表达对所测心理特质的认识。的确，在心理测量中，我们自认为了解我们所要测量的心理构想，我们坚信我们知道我们所要测量的东西，因此我们不必将它细化为具体细节。但是这种认识是模糊的，无法准确地对构想进行刻画，在科学测量层面是不允许的。如何才能实现对构想的科学测量呢？ Fiske（2002：177）也表达了他的观点：

> 我们有可能创造一个完全有效的测验或表现评估吗？我们在自然科学中能获得效度检验的方法吗？除非我们得到恰当的单位！除非我们有恰当的构想。除非我们明确我们在做什么，并且清楚行为本身满足什么条件。

由此可见，Fiske 强调了单位、构想、测量行为满足怎样的条件这三个要素，Fiske 认为只有满足这些条件，才能够实现有效的测量。我们认为，Fiske 的观点有一定道理，但是他并没有对这些观点展开详细论述，只能说 Fiske 模糊地表达了他对科学测量要求的理解。Fiske 在提及单位、构想时，均使用了“恰当”一词，然而却并没有说明怎样的单位和构想才算是恰当的，恰当的标准是什么，这些含糊之词只能说明 Fiske 并没有将心理测量的实质问题阐述清楚。同时，Fiske 夸大了单位的重要性。对于科学测量来说，单位是要素之一，的确是需要确立的一个因素，但是单位是人为制定的，并非一个难以解决的问题。我们再次强调的是，心理学所面临的最大难题不是 Fiske 所说的恰当的单位问题，也不是恰当的构想，而是与心理构想相对应的客观实在的直接测量对象，而非目前使用的虚拟的测量对象。当心理构想与客观实体之间的定律关系确定后，心理构想的确定性得以解决，关于它的准确表达问题，也就迎刃而解了，单位这个人为设定的问题也就得到了解决。由此可见，Fiske 作为当代的效度理论学家之一，虽然表现出了对心理测量发展的思索和探讨，但是并没有将心理测量的本质问题说清楚，我们无法从他的论述中看到他对于心理测量发展改进的有效建议。

零点，同样是测量中不可缺少的要素之一。测量一个东西的大小、长短，一定要有一个起点。如果没有起点（零点），就没有办法进行比较或测量。因此，大多数对测量要素的描述中，都提到零点的存在。尤其是 Stevens（1946）还提出了“相对零点”和“绝对零点”的问题，在长度测量中存在“绝对零点”，例如测量一根木棍的长度，计算的起点就是木棍的一端，也就是绝对零点；而温度测量中无法界定“绝对零点”，只能设置“相对零点”（在标准大气压下，将冰水混合物的温度设为 0 度）。

心理测量为了实现对某些心理属性的测量，通过建立常模的方式虚构了一个测量对象，并在这个测量对象上根据正态分布的性质规定出零点和单位。零点规定在中轴线上，一个标准差（SD）可以定义为一个测量单位。需要说明的是，心理测量中的零点是相对零点，实际上就是某一个群体的平均数。由此可见，心理测量具备了测量所需要的零点和单位，虽然与经典的物理测量相比，心理测量的精度差了些，但是它完成了对一个心理属性的大致表述。

需要说明的是，在以上提及的测量要素中，测量对象是任何测量都必须具备的，否则无法知道测的是什么东西，其他的要素是否会同时出现，取决于测量达到的水平。在确定了测量对象的基础上，获知的测量要素越多，则测量达到的水平越高；如测量具备了测量对象、单位、绝对零点等要素，则达到了比率测量水平，如果获知的测量要素相对少一些，则测量水平也就相应降低。

（3）心理测量所处的测量水平

上文提到的测量的要素并不总是齐备的，根据某些测量要素的有无和特定测量要素的不同性质，Stevens（1946）最早将测量分为四个水平，从低到高排列依次为：称名量表、顺序量表、等距量表和比率量表。

称名测量是最低水平的测量，也是最基本的测量。在称名测量中，数字用于对象属性的命名、区别或分类。在称名测量中，必须保持形成互斥的子集，而且是可以颠倒的。称名量表中的数值不允许做加减运算。例如给参赛的运动员编号，这些号码只具有区别作用，不可互相比较。

测量的第二种水平是顺序测量，顺序测量不仅区分不同的对象，而且在对象之间建立了顺序关系，即大于、等于、小于之类的关系。顺序测量没有相等的单位和固定的零点，得出的测量值也不是绝对的量，不是某个单位的比率。自然科学中著名的顺序量表的例子就是Mohs硬度。矿物学家们用它来描绘矿石样品硬度。该量表从1822年开始用，它把1指派给云母（最软的矿石），2为石膏，3为方解石，以此类推直到10为钻石。根据每种矿石是否能刻划硬度值较低的矿石表面，为它们指定相应的数值。例如，能够划石膏却不能划方解石的一种矿石样品的值被定为2.5。正如一本地理学指南中所说的，这个量表"不是一种确切的数学关系：10在量表上只比9硬一些，就像9比8硬一些那样，以此类推"（Pough，1960：31）。

等距测量在心理、教育、语言的测量中最为常见。等距测量不仅使对象可以区分、可以排出顺序，而且还要表明对象之间的差距是相等的。要使测量达到等距水平，必须规定一个相对零点和测量单位。等距量表的值和实数有一一对应的关系，量表值可以做加法运算，但不能做乘法运算。温度的测量是典型的等距测量。摄氏刻度把标准大气压下水结冰的温度定为0，水沸腾的温度定为100，并在0和100之间划出了100等份。因为规定了相等的单位，所以温度10℃加温度10℃等于温度20℃，但是温度20℃并不是10℃的两倍。在等距量表中，只有线性变换是允许的（如每一个数都加上或乘上同一个数）。例如，摄氏度与华氏度之间的数量关系为：摄氏度 =（华氏度 −32）/1.8。

比率量表被认为是最高水平的测量量表。除了等距量表所具有的特点之外，比率量表还具备绝对零点，允许进行乘法运算，即可以说一个单位是另一个单位的两倍或一半。因此，在比率量表中，乘法变换是允许的。长度、重量都可以表现在比率量表上。

Bachman（1990：30）对四种水平的量表性质所做的归纳如下：

**表12　Bachman（1990）归纳的四种测量水平**

| | 称名量表 | 顺序量表 | 等距量表 | 比率量表 |
|---|---|---|---|---|
| 区别意义 | + | + | + | + |
| 有序性 | — | + | + | + |

（续表）

| | 称名量表 | 顺序量表 | 等距量表 | 比率量表 |
|---|---|---|---|---|
| 等距区间 | — | — | + | + |
| 绝对零点 | — | — | — | + |

根据 Bachman（1990）的归纳，心理测量目前较多地集中于等距量表和顺序量表的测量水平上，还无法找到绝对零点。科学测量并没有规定必须达到比率量表，满足比率量表的各种条件是需要根据被测属性的性质来决定的。但是是否满足科学测量的要求，最为重要的前提条件就是是否明确获知测量对象的信息，也就是测量的是什么。至于心理测量应该达到等距量表还是比率量表的水平，我们只能说测量所达到的水平肯定是越高越好，但是这并不是科学测量所要求的硬性条件。而根据心理测量的现有状况，我们认为在尚未获知心理构想及其对应客体的相关准确信息前，很难判断心理测量为何种测量水平。

#### 6.2.3.2　心理测量与物理测量的差异

通过对科学测量的理解和认识，我们认为，心理测量要达到科学测量的要求，必须满足两个条件，就是实现测量对象的确定性和测量结果的准确性。所谓测量对象的确定性，指实现对测量对象的准确描述，这种准确描述并非主观性的人为因素的描写，而是要能够像物理测量那样，通过特定的定律关系来描述心理构想与相应可见实体之间的关系。物理学家对测量对象的掌握，通常都是力求符号化和形式化，以期实现严密的公理化体系。因此，确定测量对象的标准，也是从公理化的角度考虑的，只有通过数量关系来描述心理构想，才能算是科学地掌握了心理构想的结构和信息。在确定测量对象的基础上，制定测量单位，并实现对同一心理构想的测量结果的大小比较，实现可比和可加操作。这个条件的实现，需要我们得到具有实际意义的单位，而不是像现有常见的“1 分”，虽然也是测量单位，但是我们并不明确“1 分”代表了怎样的能力，不同测验中所得的“1 分”之间并不能进行比较和相加，因为每个“1 分”所代表的程度和对象都是未知的，尚未得到明确的解释。所以，心理测量面临着实现测量对象的确定性和测量结果的准确性这双重任务，这也是心理测量与物理测量之间存在的差异。

下面我们通过制作的列表来直观地显示目前心理测量与物理测量相比，所处的状态和情况：

**表 13　物理测量（已公认的科学测量）**

| 量表（范例） | 测量对象 | | 零点 | 单位 | 两种测量对象之间特定数字关系 |
|---|---|---|---|---|---|
| | 直接 | 推断 | | | |
| 比率（电阻） | 无[①] | 电阻 | 绝对零点 | 欧姆 | I=U/R |
| 等距（温度） | 水银柱高度 | 温度 | 相对零点 | 摄氏度 | 无，把 0 到 100 度之间的水银柱长度划分为 100 等份，1 份长度代表 1 度。 |
| 顺序（硬度） | 宝石划痕深度 | 宝石硬度 | 无（最软的是云母，硬度为 1） | 莫氏硬度 | 看能不能划出痕迹。 |

**表 14　心理测量**

| 量表（范例） | 测量对象 | | 零点 | 单位 | 两种测量对象之间的特定数字关系 |
|---|---|---|---|---|---|
| | 直接 | 推断 | | | |
| 比率（无） | 无 | 无 | 无 | 无 | 无 |
| 等距（语言能力） | 答题反应得分 | 语言能力 | 相对零点 | 一个标准差 | 无 |
| 等距（感觉） | 重物重量 | 人体感觉 | 绝对零点 | 最小可觉差（jnd） | S = K log R |

从公认的科学测量成果来看，不论是比率量表，还是顺序量表、称名量表，都可以达到科学测量的要求。我们在表 13 中列举的例子，根据所测物质的性质，都属于间接测量，物质的所测特性都是无法直接观察和测量的，因此这些性质都是推断测度，如表中的“电阻”“温度”，根据具体操作时所作用的对象，科学家们对应这些推断测度，找到了直接测度，如“水银柱高度”，以及被证明存在且可以测量到的不可直接测量物质——“电流”。在确定零点和测量单位之后，最为重要的是确定了已被证明可测的测度与推断测度之间的固定数量关系，如“I=U/

① 电阻测量中，电流不是可以直接观测的测量对象，电流是间接测量对象，测电流时使用的直接测量对象是指针偏转的角度。指针固定在一个线圈上，线圈放在一个磁场中，当线圈通电时，线圈发生偏转，偏转角度越大，说明电流越强。

R"，这样，人们就可以通过对直接测度的刻画来间接、准确地刻画推断测度了，从而实现对测度的科学测量。

与此相对应的，我们再来看心理测量中的情况。从表中可知，目前心理测量在比率量表上没有取得研究进展，在测度、零点和单位等要素方面还处于空白阶段。上文已经提到过，心理和教育测量大多都处于等距量表测量的水平，上表以语言能力测验为例，语言能力这一潜在特质是需要测量的属性，我们将它定为推断测度，而我们可以直接观察到的是被试答题的反应，因此将答题反应定为直接测量对象，测量的零点和单位也通过建立正态分布的常模方式得到解决，根据测量的要素组成，语言测验似乎满足了科学测量的要求，当前的语言测验甚至心理测量领域都以这类方式满足测量的基本要求，但是正如表中最后一项所表明的那样，两类测度之间的数量关系仍然显示为"无"，可以说语言测验对测度这一最为重要的要素的掌握还没有达到科学测量的要求，所以我们认为，心理测量（如语言测验）虽然目前处于等距量表的测量水平，但是还没有实现严格意义上的科学测量。再来看心理测量在顺序量表上的测量成果，韦伯、费希纳等心理学家在测量人对重物的感觉时，在物体的重量和人体感觉这两类测度之间找到了一种数量关系，并且命名了测量单位，可以说我们对感觉的测量实现了科学测量。正如费希纳所总结的"外部心理物理学讨论心灵和刺激之间的关系，实际的实验隶属于外部心理物理学。但是内部心理物理学是心灵与对心灵最直接的兴奋之间的关系"（波林，1981：330）。费希纳所说的外部心理学，就是表中对重物感觉的测量，这类测量由于直接测量对象（物体重量）是可以准确测量和掌握的，相比而言容易实现两类测度的定量关系表达；而内部心理物理学则更多地存在于类似语言测验的心理和教育测量中，直接测量对象（反应）和推断测量对象（某种特质）都是无法准确定量表达的，因此目前还没有达到科学测量的要求。

### 6.2.4　构想效度研究依附于科学测量

#### 6.2.4.1　"构想"和"测量"的关系

通过上述解析，我们总结出，构想是科学理论中不可缺少的一部分。尤其值得注意的是，心理构想由于其自身无法直观探测的特点，确定为上文划分的推断的测量对象。所以说，构想是具有双重身份的，构想的确定性需要测量的协助，对构想的准确表达更是测量所要完成的任务。

### 6.2.4.2 构想效度的研究流程

既然构想效度是被作为一个效度理论提出的，研究者的初衷是希望构想效度研究能够遵循科学理论的证明方式来实现。可以说，心理构想被研究者作为一个假设的概念提出后，根据理论相应做出猜想或提出假设，随后就要对其进行检验和评估。在科学研究中应如何评估一个研究假设，我们在此借鉴马丁·霍利斯（2009：47）的价值评估流程图，直观地呈现这一过程：

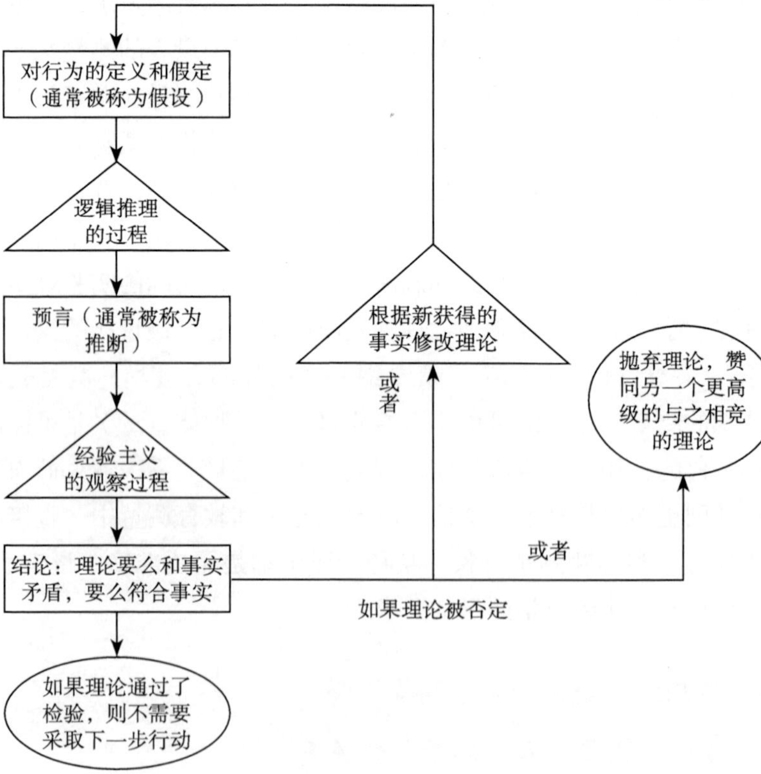


图 21　马丁·霍利斯（2009）价值评估流程图

无独有偶，关于科学理论的证明过程，张凯（2004）也列举了一个与霍利斯图示类似的流程图，而且这个关于电阻测量的流程图更为具体、直观地展示了理论证明的过程：

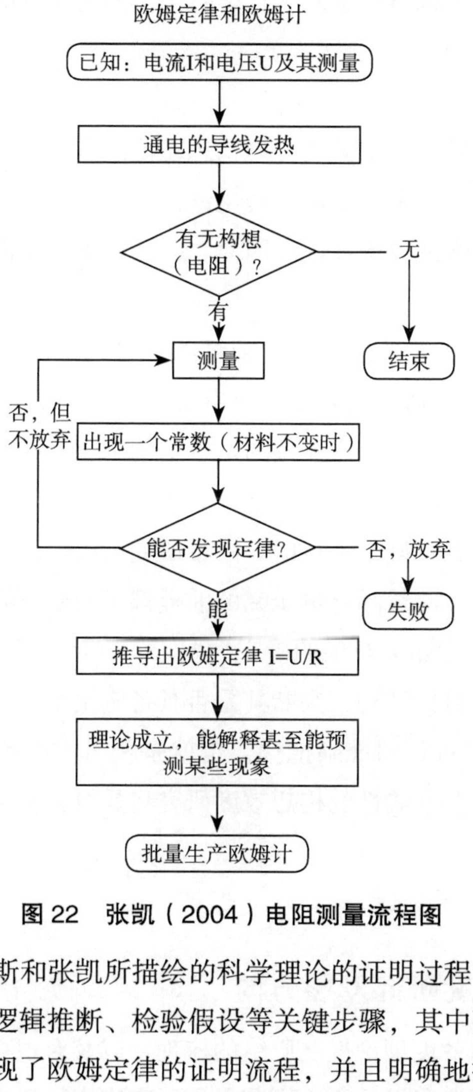


**图 22　张凯（2004）电阻测量流程图**

可见，霍利斯和张凯所描绘的科学理论的证明过程，都包含了对经验现象的假设、逻辑推断、检验假设等关键步骤，其中张凯以欧姆定律为例，具体地呈现了欧姆定律的证明流程，并且明确地指出怎样才算是霍利斯所说的“理论符合事实”，就是能够在测量过程中得到定律表达，以数学形式呈现假设构想与可测实体之间的关系。从这两个流程图可以看出，科学理论的证明过程是一个复杂并且反复验证、反复调整的过程，将是一个长期且艰巨的任务，结合这两个流程图，我们更加清晰地理解了构想效度理论成立所需的长期探究和严谨的科学态度。

具体到心理测量对某个心理构想的测量流程，及其与物理测量的差异，张凯（2004）也给出了一个直观的比较图示（见前文图 8）。

### 6.2.5 小结

构想效度研究是用来证明心理构想理论的有效性，这一研究目的就决定了测量在其中的重要地位，理论证明离不开科学测量，构想效度研究同样离不开科学测量的实施。因此，正确理解科学测量的相关知识就显得尤为重要。

本节中我们首先总结了科学测量的定义及其组成，明确测量活动的第一要素就是明确测量对象，只有知道要测什么，才能开展测量活动。针对心理测量研究领域强调的定量结构问题，我们也从定量研究的根源——化学领域的定性分析与定量分析中找到了答案，所谓的定量分析是在定性分析的基础上进行的。定量研究可以实现对所测物质更为精确的描述。总之，测量和定量研究的前提都是明确所测对象的性质和状况，在此我们称为测量对象的确定性要求。在满足了确定性要求之后，根据所测对象的具体结构，判断其是否具备定量结构，从而开展测量活动，实现对所测对象的准确把握，也就是测量的准确性要求。我们认为，基于确定性和准确性的构想效度研究将是符合科学测量和理论证明要求的。

## 6.3 构想效度研究发展方向

通过对构想效度理论发展脉络的梳理，以及对现存的几种构想效度研究视角的评析，我们认为心理测量的研究应当关注于开发科学的心理测量。于是在研究中提出了本研究的理论主张，即关注心理构想的实在性，实现构想效度研究的理论性探讨。

对比当前构想效度分析技术与物理测量方法的差异，我们也更加明确了心理构想作为测量对象，它的客观实在性居于首要地位。而目前的分析技术则均未实现对假设构想的实在性的证明，也就是尚未找到与假设构想相对应的客观实体。这一点应当是构想效度分析技术未来的发展方向。

关于构想效度研究的未来发展，Rogers（1995：785—792）希望心理学和心理测验能够开发新的方法，而不是局限于定律规则当中。他认为可以尝试的发展方向包括：

> （1）将测验与社会实践直接结合起来，实现对测验的评估。通过访谈将测验作为社会活动中的一种更有现实意义的实践。（2）将测验看作一种宣传的工具。测验用来使测验使用者相信，他们将得到更好的服务与评估。在这里，宣传的效果如何取决于对当时情境的整体评估。（3）未来的测验发展将倾向于民主化，构想可能融合当时的文化背景而得到发展。测验可能发展成为一种便捷的方法，特定的群体可以将他们的本族特点和自己的语言结合起来，而不必遵从专业化的工具。

也就是说，Rogers认为心理测量以及构想效度研究应从社会学、人类学等相近学科中借鉴一些方法，如观察法、问卷法、访谈法、个案法等。访谈法就是访谈者通过被访谈者在一系列问题上所陈述的观点，从而推论某些行为的过程和原因。然而，“访谈者的访谈水平、记录水平、先前的观念，被访谈者的表达能力、表达信息的客观性等都无法控制，即使是过程和原因分析，其准确性和科学性都难以保证”（龙立荣，2001：26）。所以，这类研究的固有特征，决定了它无法触及心理构想的实在性表现问题。

然而，这些观点正是当前比较主流的一种认识，此时的心理测量学开始倾向于去理论化的、功能性和实用性的应用学科（Borsboom，2006）。

对于这一类逐渐成为主导地位的研究思路，我们认为在兼顾构想效度研究的实用价值的同时，更为重要的是重新梳理构想效度研究的理论性，以及对心理构想的实在性探究。这一发展思路才是真正的科学研究和科学测量所遵循的轨迹，也是真正解决构想效度理论证明问题的根本。正如 Kline（2000：634）所说：

> 心理测量学提供一些方法来建立可靠和有效的测验，是具有实用性价值的。但是科学发展方面则基本停滞不前。心理测量需要获得更多的科学知识，促使革新的发生。

心理构想实在性的实现，需要依据科学测量的实施，心理测量需要成为一门真正的科学，首要问题是心理测量要遵循科学研究的研究规则。根据上文的多次强调，我们已经可以明确，科学研究包括经验观察、测量、确定定律关系以及实现理论证明这一系列过程。这些看似十分严格的要求并非遥不可及，科学方法在心理学中已经得到了成功的应用。例如“实验心理学已经证明了外在环境（刺激）的等级与行为等级之间有合乎规律的关系”（赫根汉，2004：20）。

进入 21 世纪以来，关于心理测量研究的改进和发展，研究者们提出了“新型心理测量学”的说法。新型心理测量学的目的是对主要的心理变量进行真正科学的测量，例如使心理测量明确心理构想的客观实在，具有有意义的测量单位，达到比率量表测量。另外，这些心理特质必须在结构上是定量的。在这种情况下，心理测量学才有可能成为自然科学中的一个类别。

### 6.3.1　心理构想的实在性研究——应关注生理学视角

早在 17 世纪，法国数学家笛卡尔从他主张的心—身交互作用理论中提出探寻心理功能的大脑定位问题。我们认为，这就是心理学最初对心理构想的实在性所做的探究。

笛卡尔强调心灵和身体是相互作用的，因此需要在身体中找到身心交互作用的实际存在部位，即大脑内部的某个部位。于是，笛卡尔选择了大脑内部的松果腺作为身心交互影响的部位。他认为，神经管中的动物精气运动给松果体留下印记，由于这样一个印记而使得心灵产生感觉（转引自杜·舒尔兹等，2005：34）。

虽然笛卡尔所处的时期并没有心理构想之说，但是我们从笛卡尔的研究思路中可以看到，他在研究心灵、感觉等心理构想时，着力于确定其外显的客观实体，并将这一实体定位在大脑某一部位上。这一思路是我们所认同的，同时也给予我们一些启发。

与此同时，19 世纪中生理学家在理解作为心理过程基础的生理机制方面取得了重大进展。

Osterlind（2006）已经指出，近年来心理学家已经从我们的肉体组成中推导化学和神经学的作用，并取得了一些令人振奋的进展。耶鲁大学的脑研究中心在这个方面也已经取得了一些成效。

在脑功能的定位方面，认知神经科学的研究者们已经做出了令人瞩目的进展，这主要归功于复杂的大脑成像技术的发展和应用。例如，脑电图（EEG）记录大脑特定部分脑电活动的变化。计算机化断层扫描（CAT）揭示出大脑横断面的细节。核磁共振成像（MRI）可以提供大脑三维图像。这些技术可以给研究者对大脑的研究提供准确度和细节信息，我们认为也是对心理构想客观外在实体定位的探究。

神经语言学在定性研究方面呈现比较活跃的研究现状，将因果关联的定性研究引入构想效度理论的思考中是十分必要的，陈宏（2012：18）总结的情况是：

> 神经语言学是因果关联性定性研究相对活跃的领域，近年来在许多方面取得了值得关注的进展。例如张林军等人（Zhang et.al.，2010）通过考察言语韵律和语调感知的神经基底，发现右中上颞脑回在言语韵律的处理中起了重要作用，他们还从听觉处理的神经认知理论（neurocognitive）方面对该研究发现的意义进行了讨论。又如Dehaene-Lambertz（1997）在自己的实验中让被试听最后一个音节有时被改变了的四音

节的系列音，同时通过128个电极对他们的脑电活动进行记录。实验结果发现了一个只有在母语音位改变时才出现的特别的脑电反应，表明音位信息会被迅速提取并再现于人类听觉系统的感觉记忆中。此外，Zarate 等人（Zarate et.al，2008）和 Kirmse 等人（Kirmse et.al，2008）的研究也是该领域应用因果关联性定性分析的成功例子。

这些都属于纯粹的物理测量方法，通过相关仪器观察使用语言时脑成像的情况，来研究语言能力和语言水平，可以认为是对语言能力的有效测量。

此外，事件相关电位（event-related potential，ERP）[①]作为一项基于脑电图技术的研究手段，在神经科学领域中已经得到广泛应用。在利用 ERP 技术进行语言能力的研究方面，国内外学者也取得了一些进展和成绩。Krishnan Xu，Gandour，& Cariani（2004）等人使用汉语声调作为实验材料，发现汉语母语者的脑干诱发电位相比非汉语母语者表现出更好的音高表征和更精确的音高追踪能力，并且在第二共振峰的谐波上有更强的神经反应，这种差异显然是由不同的语言经验引起的，证明了长期语言经验对底层神经结构声音编码能力的塑造作用。张钦、丁锦红、郭春彦、王争艳（2003）采用词汇判断任务和记录 ERP 的方法，探讨了名词与动词之间的差异以及词汇的具体性对这种词性效应的影响。研究结果表明，词性与具体性的交互作用在两侧电极上达到显著水平，在两半球上具体名词所诱发的 ERP 比具体动词更负。并且，在 N400 上词性与电极位置有显著的交互作用，名词与动词的差异主要存在于左、右半球的额叶和颞叶。（转引自张凯讲义，2014）

可见，一些心理学家通过对大脑活动的化学因素的探寻，找到了某些心理特质与人的生理属性之间的因果关系。根据乔姆斯基的理论，语言能力是人脑的一种状态，ERP 测到的正是出现语言活动时的人脑的状

① 与特定的物理事件或心理事件在时间上相关的电压波动。这种电位可以被颅外记录，并凭借滤波和信号叠加技术，从脑电信号中提取出来。（维基百科）

态。因此，基于 ERP 的心理构想探究，将是构想效度研究未来的发展方向之一。

然而，正如 Osterlind（2006：2）所说：

> 目前心理学中的研究大多是理论的，它们只能给出初步的推断，这就使得对认知的测量只是一个模糊的认识。

要想实现对心理特质的准确认识，实现对心理构想的实在性的证实，从而在科学层面上说明所测的“什么”究竟是什么样的，我们需要再次强调我们提出的理论主张，即构想效度的本质是实现对心理构想的科学表述，同时也是对科学测量中测量对象实在性问题的探究和实现。

根据前人在心理学测量方面的研究，我们发现这些研究的实质就是在探究心理构想的实在性问题，只是当时还没有把这个课题提高到测量心理构想的高度。可见实现这一设想并非遥不可及。当我们使用电波和化学作用，对人脑活动进行测量的时候，结果会更为准确。并且当潜藏于智力中的认知过程理论被更好地建立起来的时候，比率量表和测量的明确单位也将更好地开发出来。（Kline，2000：662）可见，发展这种新型的心理测量学，不仅要确定关于认知过程和物理构成的理论，而且要细化相关的生理学指标。这些都是新型的心理测量学需要研究的任务，而不是目前研究的终点。（Kline，2000：665）

### 6.3.2　心理构想的实在性研究——关注心理物理学研究

根据行为解释的生物学视角，以及上文提及的实在性观点，探寻特质与测验分数之间的因果关系才是效度的关键证据。这种实在性的关系，“只能到心理特质作用于测验分数的一系列心理和生理过程中去找”（陈宏，2012）。

我们认为，主张从生物学视角解释行为，其根本还是心理特质的实在性问题。我们知道，在经验世界里，无论通过感官还是借助各种测量工具，心理特质都是无法直接观察的，一切关于特质的构想和理论都只是假设："人们假设：被试行为的原因可以用某种特质的作用来解释，这些特质影响了被试行为，被试行为的差异体现了特质的差异。"（陈宏，2012）

可不幸的是，探究心理特质实在性这一点，偏偏正是现代教育和心理测量界长期以来一个最大的难题。将特质的实在性看作效度的核心，就是要求测验构想确有某种外在的实体与之明确对应。

其实这个难题似乎并非不可克服，早在 19 世纪中期，德国心理学家韦伯就实现了用数量化定律来解释感觉与外在客体之间的关系，这是韦伯的重大贡献。韦伯通过反复的实验，指出不同感觉的辨别力并不依赖于两个重物的绝对差异，而是依赖于它们之间的相对差异或比率。韦伯发现两个重物之间的最小可觉差是一个恒定的比率，即 1 ∶ 40。也就是说，41 克的重物是被试刚刚能觉察出它与 40 克的标准重量有差异的"最小可觉差"，而 82 克重物是 80 克标准重物的最小可觉差。随后，费希纳也公布了他的研究成果，即费希纳定律。

关于心理物理学的研究，费希纳（1860）在其《心理物理学纲要》中的解释是：

> 心理物理学应该被理解为一种精确的理论。这种理论是有关身体的和灵魂的，或者从更为一般的意义上说，是物质的和精神的、生理的和心理的世界的函数性依存关系的。（转引自杜·舒尔兹等，2005：67）

关于物质和精神等世界之间的函数关系，费希纳在其论著中也进行了较为详细的阐述：

> 就联系身体和心灵的函数关系而言，实际上没有东西可以阻碍我们从函数依存关系的角度加以思考和研究。利用数学的函数关系，我们可以恰当地说明这种关系。这种函数关系是变量 x 与 y 的方程式。其中一个变量可以任意地看作另

> 一个变量的函数，并且每一变量的变化都依存于对方。然而，为什么心理物理学更倾向于从心对身的依赖而不是相反的方面进行研究，是有原因的。这是因为生理的那些方面便于我们测量，心理方面的测量只有依赖物理方面的测量才能做到。（转引自杜·舒尔兹等，2005：68）

费希纳及其创立的物理心理学研究，已经开始探究心理构想的外在实体问题，并找到了客观实体与心理构想之间的定律关系，这就是著名的费希纳感觉阈限定律。

感觉是一种我们能够体会到，但是无法直接测量的对象，费希纳将感觉这种不可直接观察的属性定为构想，然后找到了一种可观察的属性——刺激量作为直接测量对象，经过反复试验，在刺激量和感觉量之间找到了一条（用数学表达的）定律，即 $S = K \log R$，根据上述证明理论的要求，这时感觉量作为构想得到了证明，我们可以说，费希纳对感觉的测量具有构想效度，因为他对感觉的测量证明构想（感觉量），测量（测量工具的使用）以及定律（$S = K \log R$）三者同时有效。

费希纳定律的重要意义在于找到了刺激量和感觉量之间的特定数字关系，我们用下图表示：

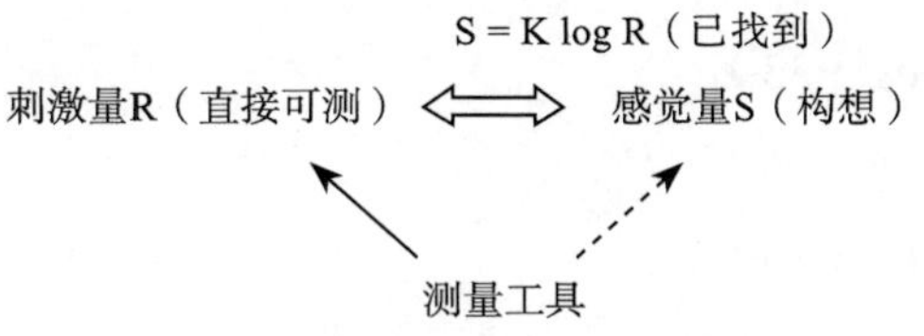


**图 23　费希纳定律（1860）**

其中 S 是感觉，K 是一个常数，R 是刺激。这个公式的意思是：当刺激按几何级数变化时，感觉按算术级数变化。这就是费希纳的对数定律，简称费希纳定律。它说明心理量是刺激量的对数函数，即当刺激强度以几何级数增加时，感觉的强度以算术级数增加。费希纳定律曾经受到用差别阈限法制作的等距量表的支持。

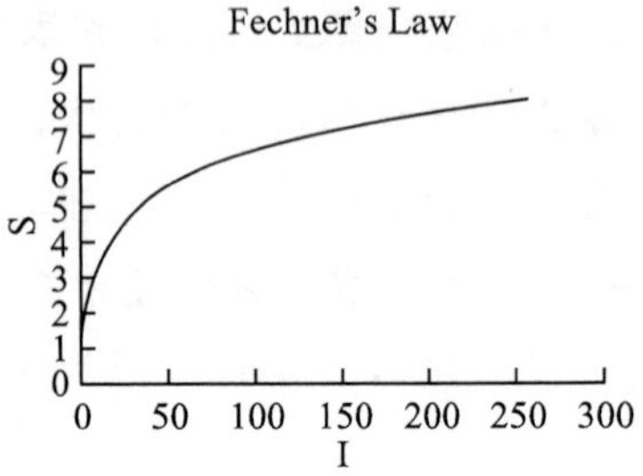


（转引自张凯，2012，《语言测试和心理测试史》讲义）

**图 24　费希纳定律的等距量表图**

可以说，费希纳定律是心理测量的第一个定量的定律。从费希纳的论述中可见他是从理论研究的层面来探究心理构想的测量问题的。在这个研究层面上，费希纳强调了数学函数关系的重要性，认为无法直观体察的心理属性需要通过与物质的或生理的客观属性的函数性依存关系来得到确认和测量。同时，费希纳在本质上表达了对心理属性实在性的探求，并表明可以从生理方面、物理方面来测量心理方面的属性。费希纳在这一思想的指导下，成功地实现了对感觉的测量，找到了函数关系（定律表达式），并从物理方面实现了对感觉的客观实在性的证明。

张凯（2012）用日常生活中一个很熟悉的东西——音高的例子来检验它。张凯（2012）根据定律 S = K log R，计算了不同音高下人们对音高的感觉，计算结果如下：

5.03=1.44*log（33）

6.03=1.44*log（66）

7.00=1.44*log（130）

8.01=1.44*log（261）——中央 c

9.01=1.44*log（522）

10.00=1.44*log（1044）

11.00=1.44*log（2088）

12.00=1.44*log（4176）

十二平均律：

100.20=18*log（261.62557)————————c，1

101.24=18*log（261.62557*1.059463)—升 c，#1

102.28=18*log（261.62557*1.059463^2）—d，2

103.32=18*log（261.62557*1.059463^3）—升 d，#2

104.36=18*log（261.62557*1.059463^4）—e，3

105.40=18*log（261.62557*1.059463^5）—f，4

106.44=18*log（261.62557*1.059463^6）—升 f，#4

107.48=18*log（261.62557*1.059463^7）—g，5

108.52=18*log（261.62557*1.059463^8）—升 g，#5

109.56=18*log（261.62557*1.059463^9）—a，6

110.60=18*log（261.62557*1.059463^10）—升 a，#6

111.64=18*log（261.62557*1.059463^11）—b，7

112.68=18*log（261.62557*1.059463^12）—高八度 c

通过上述张凯的计算结果，我们惊奇地发现，人类对音高的感觉真的如同费希纳定律所描述的那样，当刺激强度以几何级数增加时，感觉的强度以算术级数增加。具体来看，刺激强度十二平均律以几何级数增加（每一级增加 1.059463 倍），人类感觉强度以算术级增加（每一级增加 1）。也就是说，费希纳通过阈限定律实现了对心理构想（感觉）的科学测量，找到了与之相对应的客观实体（具体刺激量，如音高的十二平均律，这是已知经过证明的客观可见设置），并且实现了两者之间的定律表达，这是心理测量领域实现对感觉的构想效度检验的典范。

因此，我们推崇行为解释的生物学视角，强调心理构想实在性的考查，而且根据前人的研究，费希纳定律的出现足以表明，对心理构想实在性的探究和科学测量虽然难度很大，但也并非毫无希望。费希纳为我们呈现了心理测量科学方法的先例和思路，这正是心理测量需要继续努力的方向。

### 6.3.3　回归到构想效度的本意——遵循定律网络对构想与可测实体的要求

在第三章中，我们对构想效度的本质及其定律网络进行了详细的阐述和分析，我们认为，定律网络这一科学解释框架是合理的，并且在物理测量中已经实现了多个成功的范例，是心理构想理论证明的一种研究思路。

其实，在亨佩尔（1952）提出“演绎—归纳模型”之前，赫尔（1943）在对心理学的研究论述中，就关注到了这一类研究方法。赫尔提出心理学要着眼于假设—演绎法（hypothetico-deductive method）。这种方法是根据一组先验的确定的公式进行演绎，它涉及确立一些公式，并由此演绎出通过实验可以检验的结论，然后把这些结论放到实验中进行验证。如果没有得到实验证据的支持，就必须进行修改；如果它们得到支持，通过了验证，就可以被纳入科学体系中。赫尔相信，如果心理学准备像其他自然科学那样，成为真正客观的科学，那么唯一适当的方法就是这种假设—演绎法。（杜·舒尔兹等，2005：273—274）

### 6.3.4 构想效度研究应关注公理化的研究方法——如计量语言学的研究

#### 6.3.4.1 计量语言学的研究目的、思路及方法

计量语言学关注语言的量化特征，试图用公式化的法则解释语言中存在的相互关联的现象。计量语言学的研究程序包括建立假说、假说的统计学转换、统计方法的应用（包含建立模型和理论建构，其中理论建构就是建立一个理论体系）、得出结论四个部分。计量语言学认为必须建立一个概念和方法的体系，这样才能通过对语言的相关性与机制的建模，使分析更为准确和深刻，最终形成普遍的法则，从而使语言学理论上升到一个更高的层次。我们认为，在探究心理构想的定性和定量的结合分析中，可借鉴公理化的研究方法。

#### 6.3.4.2 计量语言学研究对效度检验的启发

从计量语言学的研究目的来看，计量语言学认为语言成分的一些性质和相互关系遵从某些普遍的规律，这些规律可以用严格的数学形式表达出来，例如句法构造的长度（或复杂度）和频度以及多义性之

间的相关关系，语法词素的同义性与它们在所处模式中的分布之间的相关性等。计量语言学的统计分析主要是依托于大规模的语料库进行的，这些研究及相关成果都集中在母语本体的研究方面。可以说，计量语言学对某些语言成分之间关系的研究，已经实现了公式化的描写和表述。

计量语言学的一些学者在这类问题上已经做出了一些实证性的研究，例如 Noam Ordan 等人（2010）通过运用 Heaps 定律 $S=K\times L^{\beta}$（S 为词汇丰富程度，L 为自然文本的组成长度，K 和 β 为常数），比较该公式的常数 K 和 β 在自然英语（natural English）语料库和在翻译成英语的语料库（分别由三种不同的语言翻译而成）中所得数值的不同。Paul Kockelman（2009）对言语复杂性进行了计量研究，得到了具体的描述复杂性的公式 $P(N)=K\times 2^{C(N)}\times 2^{QL/QC^{N}}$，这类计量研究成果均可引入来对语言能力进行测量。

此外，Martin（2008）利用计量语言学的思路就不同语言间的语义差异进行了测量，Liu Haitao（2011），Rader（2010）对英语动词价的问题进行了计量研究。近些年，汉语本体的计量语言学研究也受到了关注，Zhang Yanhui（2011）对汉字的相似度和混淆程度进行了定量研究。目前，国内相关学者正在多方面、多角度地对汉语词长、汉字字形复杂度、词频分布与词义关系、依存距离与句法加工关系等研究课题进行计量研究。

计量语言学的研究思路和方法，以及已有的成果，我们认为可以考虑借鉴到语言能力测验当中，这类确定性的研究方法可以作为效度检验的新兴方法加以实践。我们可以借鉴这种定量的研究方法来间接测量二语学习者的语言能力。我们假设，计量语言学基于本体的语料库计算出的定量表达式代表了母语者的语言水平，我们将其作为效度检验中的标准，然后借鉴计量语言学以公式表达语言成分间的相关关系的方法，将这种方法应用到二语学习者语料库中进行计算分析，得出在二语语料库中语言成分间相关的公式表达，通过对比母语和二语中的两个公式之间的差异（主要是公式中常数或指数的不同），也就是比较母语者和二语者在使用某些语言成分方面的差异，来间接判断二语学习者的语言能力和语言水平。

### 6.3.5 小结

我们对构想效度研究未来发展方向提出了以上四种设想，并从心理学以及心理测量学历史中发现了这些研究设想的先例和发展轨迹，可见我们所主张的研究视角并非凭空创造，而是有其历史根源和实现可能的。先前的心理学家中有一批学者已经认识到了心理构想实在性的首要地位，他们从身与心，心理与物理，生理与心理等多个方面探究，试图将抽象的心理构想与具象的生理或物理现象相联系，找到它们之间的定律关系，从而实现对心理构想的科学测量和确切认定。我们认为，这些研究思路和研究视角是科学的，应当遵循和深入发展，而不是使其随着社会实用需求的迫切而淡出研究视线。构想效度的理论研究需要重归理论性的研究导向，重拾实在性的研究主旨，这才是构想效度研究的未来发展方向。Barrett（1997：5）预测，这些新的测验将“超越今天的心理测量方法”。

当然，我们也承认，“现在还没有有效的测量方法能够取代目前的心理测量学方法”（Kline，2000：666）。心理测量检验在很多应用领域具有较高的适用性，尽管它不符合科学测量的标准。因此，“现有的心理测量方法的适用性应该是科学研究的起点，而不是终点”（Kline，2000：666）。

## 6.4 本章总结

针对构想效度研究这个论题，我们在本章展开了论述和评析，构想效度在逻辑实证主义思想影响下诞生，Cronbach 和 Meehl 引入科学解释框架——定律网络作为构想效度的研究方法；心理测量学界从纯测量理论视角对心理构想进行测量和定律探究；构想效度研究的主流观点则从社会学视角认为，构想效度需要聚集多方证据，包括对社会、政治、文化、价值等外围因素综合考虑。我们发现，虽然以构想效度为核心的研究不计其数，且研究视角各有不同，但是目前为止，没有出现一个能够从理论上回答“如何实现构想效度证明”的答案。无论是当前构想效度研究的主流思想，还是处于非主流地位的测量研究视角，抑或是已经淡出研究者视线的构想效度研究最初的逻辑实证主义思路，都没能彻底地解释构想效度研究的本质，反而制造出更多的构想效度研究分支，形成更为纷繁复杂的混乱局面，这一现状对于构想效度的理论探究是很不利的。我们认为构想效度研究多年来积攒的矛盾与混乱亟待梳理和解决，在此基础上才能进一步明确构想效度在理论层面上的发展方向。

鉴于上述认识，我们在此提出了本研究的观点，即构想效度研究要注重心理构想的实在性和效度检验的理论性。我们从构想效度的核心定义出发，确认构想效度的本质是证明关于心理构想的理论有效。至于理论证明，根据张凯（2004）的观点：“要使理论有效，构想、测量、定律三者必须同时有效。”因此，构想效度研究必须具备理论性，探究心理构想、测量和定律的有效性。构想效度研究不能脱离科学测量活动，测量是必不可少的一部分。我们通过对科学测量相关界定的了解，明确心理构想作为测量对象是测量的第一要素，测量的开展首先需要获知测量对象（心理构想）的准确信息。对于无法直接观测的心理构想来说，找到与之对应的可见实体是实现科学测量的唯一途径，于是对心理构想的实在性要求也凸显出来，我们只有通过可见实体的已知信息来确定心理构想的客观存在，当然这二者之间需要有定律来进行连接：

> 构想所指的属性或性质是不可直接观察的，只有当这个假设的、不可直接观察的属性与某些可观察的属性构成一种特定关系时，也就是构想和确定的概念的关系可以纳入一条（用数学表达的）定律时，构想才是有效的。（张凯，2004）

然而，在实际研究中，心理构想的实在性问题，却常常被心理学家们抛在脑后，毫不触及：

> 在教育和心理测量界（包括语言测验领域），有一个非常普遍、重要而又常为人们忽略的现象：人们往往想当然地将测验名称混同于实际测量的特质，于是各种知识、技能、人格、态度或能力测验往往被当作对这些特质的测验。然而我们知道，在经验世界里，无论通过感官还是借助各种测量工具，这些特质都是无法直接观察的，一切关于特质的构想和理论都只是假设。人们假设：被试行为的原因可以用某种特质的作用来解释，这些特质影响了被试行为，被试行为的差异体现了特质的差异。于是，人们既可以通过测验在观察被试行为的基础上推论和概括被试在特质方面的差异，还可以以特质推论为基础进一步间接预测非测试情境下被试可能的行为。不过，这样一个完全靠假设构建起来的效验推论链条是十分脆弱的……（陈宏，2012：6）

陈宏（2012）对于现代教育和心理测量的批判，是比较准确和清晰的。正如陈宏所提及的那样，心理测量对心理构想的测量，一直建立在理论假设的基础上，这一假设从未被证实过，但是仅仅基于假设的研究是脆弱的，经不起推敲和质疑。只有证实假设，找到心理构想对应的可见实体，并证明这个所测的“什么”确实存在，才能使假设得到检验，建立起构想效度理论。因此，我们提出注重心理构想的实在性和构想效度研究的理论性的观点。

当前处于主导地位的构想效度研究，从社会学视角大量搜集效度证据，已经将构想效度在实际应用方面的探究发挥到了极致，但是成果丰硕的主流研究仍然无法在理论上对所测的心理构想究竟是什么给出令人信服的回答。可以说，构想效度的主流研究只能从实用的层面满足社会使用的需求，但是这一贡献毕竟相对微弱，在心理构想的实在性和构想效度研究的理论性尚未实现的情况下，丰富多彩的效度证据无法给出合理的行为解释和信息，主流效度研究不能推进构想效度在理论上的发展和进步。

与构想效度理论研究现状相一致的，是构想效度的分析技术研究，可以说，当前的构想效度分析方法也亟待改进与发展。正如 Blinkhorn（1998）所总结的那样：

> 回顾测验理论发展的 50 年历史中，对心理构想的测量方法基本没有什么变化。没有发现心理测量有哪些方面与自然科学的研究是一致的。心理测量的新发展就是技术的革新，在计算和统计方法上有所改进和发展，而在本质的心理构想测量方面则没有改进和发展的迹象。（转引自 Kline，2000：634）

在以上认识的基础上，我们不仅在理论上提出关注心理构想的实在性，实现构想效度研究的理论性探讨的主张，而且在构想效度实际分析方法和思路上，也主张从实在论和实体性的角度出发，着力于探寻客观存在的物理或生理机制与抽象的心理构想之间的关联，从而摆脱以往的主观性和不确定性。我们的这一主张并非凭空编造，而是有其历史根源的。早在 17 世纪就已经出现了对心理构想的生理学探究，笛卡尔等学者就试图从可见的脑组织等生理机制中定位心理的活动；18 世纪出现的心理物理学，韦伯、费希纳创立的最小可觉差定律，则更加增强了我们探求心理构想外在实体的信心。费希纳通过实验找到了感觉与外在实体（刺激量）之间的定律关系，从而实现了对感觉的科学、准确的表达。另外，构想效度提出的本意，即遵循逻辑实证主义的研究思路，在定律网络中实现对心理构想理论的证明。这一研究思路也在心理学发展史中留有印记。学者赫尔更是坚信："如果心理学准备像其他自然科学那样，成为真正客观的科学，那么唯一适当的方法就是这种假设—演绎法。"而我们非常清楚，基于定律网络的证明过程，同样强调可见观测实体和定律的首要地位，因此，对心理构想对应的客观实体的确定是无论如何都不能回避和无视的。而以上提及的生理学视角、心理物理学视角以及逻辑实证主义的定律网络方法等，都是对心理构想的物理、生理机制的探寻和确定，这类不同于当前的研究方法，才是构想效度研究未来的创新发展方向。

另外，我们还有一种可能的情况需要面对，这个情况就是心理测量有可能达不到真正的科学测量。在这种情况下，心理测量学不能成为科学心理学的一部分。当然，它会仍然保持对经验程序的详细论述，在实际应用中很有价值，但是在科学性方面存在欠缺。（Kline，2000：667）得出这一结论同样需要大量的证明，因此也需要进行更为全面和深入的研究。

# 第 7 章
# 结　　语

构想效度研究关系到心理测量的核心问题，即“测了什么”的问题。但长期以来，如何科学回答这个问题始终缺乏足够的关注和探究。特别是对构想效度的重心——心理构想的证明问题，尽管实际应用中的效度检验技术不断改进，但迄今为止，对这个问题的理性认识还非常有限，对构想效度研究领域长期以来悬而未决的各种纷争更是束手无策，一筹莫展，造成了围绕构想效度展开的各自争鸣的研究局面。这一切都源于心理构想理论探讨的滞后，以及构想效度研究科学性的薄弱。有鉴于此，我们将研究内容锁定为构想效度理论探究这一尚待开发的研究领域，以构想效度本质作为研究起点，以心理测量学、心理学、科学哲学、心理物理学等多学科相关理论和知识作为研究基础，以综述评析、类比法等作为探讨论述的手段，全面梳理了构想效度的研究现状和存在的问题，深入探究了构想效度几大研究视角的优劣之处，提出了本研究强调的心理构想实在性和构想效度理论性的研究主张，并对该理论主张的实际分析手段做出了初步的设想和展望。

## 7.1　基本观点和结论

### 7.1.1　基本观点

我们在研究过程中始终贯穿以下基本观点：

一、对构想效度的研究要分清两个层面，即理论研究层面和应用研究层面。

对构想效度的研究，甚至是对于任何概念或研究课题的探究，都需要分清理论研究层面和应用研究层面，这样才能避免出现一些混乱。例如在同一研究主题下，将理论研究与应用研究相混杂和比较，这些做法都是错误的。一来不同研究层面不能直接比较，二来不加区分的混淆只会扰乱研究者及相关学者的思路，增添无谓的烦乱和复杂性，而对该课题研究的科学性和准确性毫无益处，甚至造成科学研究的倒退。所谓“理论”指人们由实践概括出来的关于自然界和社会的知识的有系统的结论。所以，对构想效度理论层面的研究，应着力于利用已有的知识和经验，对心理构想进行一般化和系统化的表述。所谓“应用”则是一种技术、系统或产品的使用。对构想效度应用层面的研究，关注于效度检验技术、方法手段的开发和使用。理论研究是应用研究取得进步和创新的前提，只有理论研究奠定了准确的发展方向，应用研究才能在此基础上实现有意义的技术进步。目前来看，构想效度的应用研究颇受关注且发展迅速，而理论研究甚少涉及，是一个薄弱的环节。应用研究以其鲜明的实用主义特征占据了绝大多数研究者的视线，研究者通过效度检验方法的使用最大限度地满足社会需求，而在这个充满“成就感”的过程中忽视了理论研究的首要地位，这个严重的漏洞和缺陷正是我们要研究的课题。

二、构想效度的本质是一种效度理论，这是探究构想效度的理论前提。

构想效度最初的提出，就是以效度理论而提出的，它不同于以往的各种效度类型。而构想效度的这一显著特征，却并没有得到研究者普遍统一的认识和理解，关于构想效度的各种界定和纷争也印证了构想效度理论地位的不确定。为了确立构想效度的理论地位，还原构想效度的本意和本质，我们从 Cronbach 和 Meehl（1955）对构想效度的定义、当时心理测量所处的哲学背景和思想主张、被引入的科学说明范式——定律网络等关键因素入手，以文献评析的方法，对构想效度的理论本质和定律网络的科学说明原理进行了解析，从而明确构想效度的理论地位，并弄清当初证明构想效度理论有效的途径，即定律网络的本质和探究过程。可以说，构想效度的理论本质是探究构想效度的理论前提。

三、构想效度研究的首要因素在于探究心理构想的实在性。

本研究的目的是探讨构想效度理论层面的问题，也就是要回答“怎样才能确定心理构想是什么”这个核心问题。关于这个疑问，目前已经存在的答案大多是操作主义的，例如“智力这个构想就是智力测验所测的那个东西”。显然，这种回答是主观的，不确定，不唯一的，各种各样的智力测验导致出现无数种智力，这类宽泛空洞的回答等同于没有回答。经过对构想效度理论本质的确立，以及心理测量学界从测量视角对心理构想的测量历程，我们认为，探究心理构想是什么的第一要务，就是对心理构想所对应的客观实体的探究。只有通过确立可见的实体、不可见的心理构想、两者之间的固定关系（定律关系）这三大要素，才能够满足科学理论成立的条件，才能够实现对心理构想的科学测量，也就回答了“心理构想是什么”这个问题。

四、构想效度研究评析需要综合运用多学科的理论和研究思路。

构想效度是心理测量领域的核心课题，多年来对心理构想的探究涉及测量学、心理学、数学、科学哲学等多学科领域，本研究对构想效度的研究和理论评析也同样需要涉及多学科的知识和方法。例如在对Cronbach 和 Meehl 引入的定律网络进行评析时，需要追溯到定律网络的原型，也就是科学哲学中的一种科学解释框架——推理—演绎模型；对 Michell 提出的定量科学的两类作业的分析，则需要对测量以及定量的相关知识的掌握。这种跨学科的研究视野有助于增强本研究的理论性和科学性。

五、明确构想效度研究的现状和未来发展方向，是探究构想效度的目的之一。

随着学科交叉和学科交流的不断深入，目前的构想效度检验方法，综合了数学和统计等多学科的计算方法，通过建立模型对假设的心理构想进行统计运算，检验技术不断进步和提高。但是，在心理构想的实体尚未确认之前，这一切检验运算都是建立在假设的基础之上的，而仅仅基于假设的研究是经不起推敲和质疑的。只有证实假设，找到心理构想对应的可见实体，并证明这个所测的“心理构想”确实存在，才能使假设得到检验。构想效度未来的发展方向，就需要从探寻假设的心理构想的客观实在性着手考虑。因此，我们研究构想效度的根本目的，就是在综合评析构想效度以往研究的基础上，在理论和发展方向方面明确对心理构想外在客观实体的探究，以及相应地借鉴和效仿心理物理学等学科的研究思路和研究方法，进而推进构想效度理论研究的步伐。

### 7.1.2 主要结论

我们经过理论阐述和类比分析，得出了以下主要结论。

一、构想效度的本质是证明理论有效，定律网络是构想效度研究试图遵循逻辑实证主义思路的证据。构想效度是从纯理论的角度提出的，它的首要任务是界定测验测的是什么。在解答这个问题时，为了摆脱操作主义方法的影响，构想效度从证明理论构想的角度入手，将对心理特质的证明纳入理论证明的过程中，试图通过科学测量、定律来实现对构想的证明，基于逻辑实证主义思想的定律网络正是在这种思路下被引入的。但是由于心理测量领域几乎没有学者真正理解定律网络的研究思路和哲学背景，使得定律网络在理论证明方面的研究被淡化、搁置下来，也使得某一特定理论构想（如智力能力构想）的探究受到冷落。

二、心理测量界从测量视角对心理构想的探究，并未实现对构想效度的科学证明。要想解答“所测心理构想是什么”这个难题，需要心理测量的研究者和使用者排除一切主观的和价值判断等外在因素，从测量本身寻求问题的答案。但是心理测量在长期的发展过程中，在不同的环境和社会背景下，并不像其最初的设想那样遵循科学测量的研究轨迹。具体来说，注重从测量视角研究构想效度的心理测量学，偏重了测量活动的开展，忽略了心理构想的探究。心理测量学家们在进行测量活动之前，并没有对心理构想，也就是测量对象，这个测量第一要素的客观存在做出确认，于是至今尚未得到心理构想的准确信息，从而导致心理测量中出现了这样一种情况，即研究者试图用定量的方式来表达心理特质，例如提出定量科学的两类作业，但是仍无法确保心理测验真正测量到了什么。因此我们认为，心理测量界当前对心理构想的测量并不是真正的科学测量。

同时，心理测量学所偏重发展的测量活动，也存在着一个根本性的问题，这个问题就是心理测量试图借用自然科学中“测量”的概念，但实际上却引入了一个特殊的测量定义，这个特殊的定义——“根据规则给事物赋值”，使得“测量”概念毫无意义。我们认为心理测量中并没有体现出测量的实质。科学测量的第一要素是测量对象，对测量对象的探究是科学测量的目标。心理测量只有准确地理解科学测量的含义，才会认识到心理构想（测量对象）的重要性，只有明确了心理构想的准确信息，才能开展科学的测量活动，从而真正消除有关构想效度的质疑。总之，心理测量学提供一些方法来建立可靠的测验，是具有实用价值的，但是在科学进步方面则基本停滞不前。

三、主流构想效度研究的人文主义视角更加远离了科学研究的轨迹。形成于二十世纪六七十年代的主流构想效度研究，研究者在效度检验中综合考虑道德、公平性等诸多因素，以满足社会需求。构想效度理论探讨最终于20世纪80年代在人文主义观点的盛行后呈现出科学性的倒退。这一研究背景和思路就注定了构想效度主流研究的超测量视角，即不考虑对心理构想的测量问题，而是专注于从社会学的人文主义视角探究心理构想。应当看到，这种基于社会学视角的构想效度研究，以其研究规模和成果的丰硕，成为当前的构想效度主流研究。但是我们认为这类研究并不能真正解决心理构想的本质问题，现有丰富的构想效度证据并不是科学测量的有效证据。目前在心理构想尚未实现科学测量之前，效度证据以其高效、实用的特点，被社会广泛认可。但是，“坚持认为目前的构想效度证据足以证明心理测验是科学的这一类观点，对于心理测量专业的发展是没有益处的”（Wallis，2004：102）。主流效度理论的超测量视角加剧了构想效度理论研究的杂乱无章，同时也打乱了部分心理学家的研究思路，模糊了他们曾试图从测量角度探究心理构想的视线。当今仍然占据主导地位的主流效度研究距离科学理论研究更加遥远了。

四、构想效度的研究思路和现状深受科学哲学发展演变的影响。

纵观构想效度的发展研究历程，我们发现构想效度的研究思路是随着科学哲学研究思想的变化而变化的。苏佩斯（2011）认为“科学哲学研究之路，经过科学哲学自身发展逻辑的内在演变，经过科学的人文社会学研究之路的外在冲击，目前正处于转型之中”。苏佩斯把20世纪科学哲学面临的矛盾大致概括为：“绝对主义与相对主义的对立，科学主义与人文主义的对立，实在论与反实在论的对立，规范的科学哲学与描述的科学哲学的对立，等等。”（帕特里克·苏佩斯，2011：1）

心理学对于心理构想的探究思路，也体现了一些研究上的对立。舒尔兹等（2005：173）总结道：

> 19世纪末期，美国心理学家更多地受到达尔文和高尔顿的影响，淡化了冯特思想的地位。因为冯特等学者主张的心理学研究不是一种实用的心理学研究，他们不研究实际运用中的心理构想，因此不能解决日常生活中的问题，不能满足日常生活的需要。而此时美国的文化定向是实用，人们看重的是那些能发挥作用的东西。

正如1910年铁钦纳所说：

> 如果请求某个人用一句话概括在过去10年中美国心理学的趋势，那么这个人的回答会是这样的：心理学正坚定地向着应用的方向发展。（转引自Evans，1992：74）

五、构想效度的未来发展应关注心理构想的实在性和构想效度的理论性方面。

构想效度研究是对理论的证明，则不可避免地要与科学测量密切相关。然而，我们的研究发现，多年来的构想效度研究要么忽略心理构想，注重数字赋值；要么搜集丰富的外部效度证据，但是终究未能明确心理测验真正测到了什么东西。因此，心理测量中构想效度理论研究的科学性亟待加强。科学测量作为理论研究的重要组成部分，必须得到心理测量学家的正确认识和理解。鉴于此，我们认为有必要通过对构想效度研究的综合梳理和辨析，发现一种正确的、值得坚持的构想效度理论，并探讨其发展改进的方向。

在此基础上，我们提出注重心理构想的实在性和构想效度研究的理论性的观点。同时，我们对构想效度研究未来发展方向提出了四种设想，即分别从生理学研究、心理物理学研究、构想效度提出的本意——定律网络研究，以及公理化的计量研究设想，我们试图从身与心，心理与物理，生理与心理等多个方面探究，试图将抽象的心理构想与具象的生理或物理现象相联系，找到它们之间的定律关系，从而实现对心理构想的科学测量和确切认定。我们认为，这些研究思路和研究视角是科学的，应当遵循和深入发展，而不是使其随着社会实用需求的迫切而淡出研究视线。构想效度的理论研究需要重归理论性的研究导向，重拾实在性的研究主旨，这才是构想效度研究的未来发展方向。

## 7.2 不足与后续研究

由于个人研究能力的局限，本研究对构想效度的研究还比较粗糙，研究中还存在明显的不足。

一、文献的综述和评析方面，作为一项以构想效度理论探讨为主的研究，我们需要穷尽性地搜集和阅读相关文献，并做出综述和评价，这是本研究的特点和基本任务。我们在对构想效度的发展演变概况、不同的研究视角的评析、以及今后发展方向的阐述中，积累和借鉴了大量研究者和效度研究专家的意见和观点，同时也对他们的研究和方法做出了分析和评价。但是目前来看，我们所做的综述和评价，还不能算是对构想效度研究文献的全面回顾和评析，我们只能算是掌握了大多数的文献资料，包括构想效度研究领域的核心人物的研究成果，但是也并非包含了所有研究者的核心观点和论述。例如在心理构想探究的测量视角领域，除了我们提到的 Stevens、Michell，还有在心理测量领域提出采用公理化研究思路的 Luce & Tukey，在科学哲学方面颇有研究的 Suppes 等其他学者。在主流的构想效度研究领域，除了 Messick 和 Kane 这两位核心人物，还有一些学者也在遵循主流思想的基础上做出了创新和发展，例如 Misley 等。限于时间、精力和能力的不足，本研究没有做到对相关文献和人物更为全面、具体的阐述和评析，这些局限和不足有待后续研究的充实和完善。

二、对构想效度测量思路和检验方法的评析方面，需要具备一定的数学逻辑分析能力和推理能力。例如 20 世纪 60 年代，美国数学心理学家 R. Duncan Luce 和统计学家 John Tukey 从公理化的角度探究心理特质的定量结构，提出了一种联合测量理论。我们本想对联合测量理论及其四大公理做一个公允评析。但这需要通过模拟赋值、逻辑推理等方面的辨析和验证，来说明联合测量中公理的优劣。对这一部分的分析给我们的研究带来了巨大的挑战，在导师的指导和启发下，我们虽然查阅了相关资料，做出了一些分析和解释，但实际上分析和解释的结果并不理想和成熟，在本书成稿时只能删掉这一尚不完善的部分。这一研究上的遗憾只能留待今后继续思考和学习，形成对这个理论的完整分析和全面评价。

三、在构想效度未来发展方向的具体实践方面，我们只是根据先前的相关理论和研究思路，结合本研究的理论主张，提出了未来发展的方向和设想，并没有结合具体的心理构想做出具体的实践探索，限于写作时间、篇幅的要求，以及个人精力，目前的构想效度研究仅限于此。但是这个重要的课题是不可忽视的，是我们今后继续研究的一个主要方向。我们可以结合语言能力这一心理构想，通过本研究所主张的神经心理学、物理心理学或计算语言学等研究思路和方法，对语言能力构想的外在可见实体进行探究，可以说，这项研究将是很有意义的，同时也将是一个长期的过程。

总之，作为对构想效度研究的一次全面综述与评析，我们只是做了一些基础性的铺垫工作，更多的后续研究有待我们进一步深入思考和探究。

# 参考文献

《不列颠百科全书》(2007) 北京：中国大百科全书出版社。

《不列颠百科全书》(国际中文版)(1999) 北京：中国大百科全书出版社。

波林著，高觉敷译（1981)《实验心理学史》，北京：商务印书馆。

查尔斯 · 杰克逊著，姚萍译，万传文审校（2000)《了解心理测验过程》，北京：北京大学出版社。

常晓宇（2001)《效度理论的变迁》，北京语言大学硕士学位论文。

车文博（1998)《西方心理学史》，杭州：浙江教育出版社。

陈宏（2012）效度的基本概念，《语言测试的跨学科探索：北京语言大学汉语水平考试中心 2011 年科研报告会论文集》，北京：华语教学出版社。

戴海琦、张锋、陈雪枫（1999)《心理与教育测量》，广州：暨南大学出版社。

戴忠恒（1987)《心理与教育测量》，上海：华东师范大学出版社。

丹尼尔 N. 鲁宾逊著，杨韶刚等译（1979)《现代心理学体系》，北京：社会科学文献出版社。

邓线平（2008)《波兰尼与胡塞尔认识论思想比较研究》，北京：知识产权出版社。

杜·舒尔兹等著，叶浩生译（2005)《现代心理学史（第八版）》，南京：江苏教育出版社。

高兰生、陈辉岳(1996)《英语测试论》，南宁：广西教育出版社。

桂诗春、宁春岩(1997)《语言学方法论》，北京：外语教学与研究出版社。

哈瑞·罗姆著，邱仁宗译（1998)《科学哲学导论》，沈阳：辽宁教育出版社。

赫根汉著，郭本禹等译（2004)《心理学史导论（第四版）》，上海：华东师范大学出版社。

A. N. 怀特海著，何钦译（1997）《科学与近代世界》，北京：商务印书馆。
《简明不列颠百科全书第二卷》（1985）北京：中国大百科全书出版社。
卡尔·G· 亨佩尔著，张华夏译（2006）《自然科学的哲学》，北京：中国人民大学出版社。
卡尔·皮尔逊著，李醒民译（1999）《科学的规范》，北京：华夏出版社。
凌文辁、滨治世（1988）《心理测验法》，北京：科学出版社。
刘高岑、郭贵春（2006）科学解释的语境—意向模型，《科学学研究》第 4 期。
刘润清（1991）《语言测试和它的方法》，北京：外语教学与研究出版社。
刘武、裴登峰（2004）费希纳的心理物理学与现代定量心理学的测量方法论评述，《东北大学学报（社会科学版）》第六卷第 3 期，168—171。
刘易思·艾肯著，张厚粲、黎坚译（2006）《心理测量与评估》，北京：北京师范大学出版社。
罗德，M.，R. 诺维克著，叶佩华等译（1992）《心理测验分数的统计理论》，福州：福建教育出版社。
罗嘉昌编（1996）《当代西方著名哲学家评传（第三卷科学哲学）》，济南：山东人民出版社。
马丁·霍利斯著，庄瑾译（2009）《哲学的初体验》（第二版），北京：北京大学出版社。
帕特里克·苏佩斯著，成素梅译（2011）《科学结构的表征与不变性》，上海：上海译文出版社。
潘菽（1983）《教育心理学》，北京：人民教育出版社，52—57。
皮埃尔·迪昂著，李醒民译（1999）《物理学理论的目的和结构》，北京：华夏出版社。
孙小礼（1987）科学理论，《中国大百科全书·哲学》，北京：中国大百科全书出版社。
孙晓敏、张厚粲（2004）效度概念演进及其新发展，《心理科学》第 1 期，2—4。
孙亚琴、刘凌、王剑（2011）效度概念一元化的发展述评，《科教导刊》第 11 期。
唐钺（1994）《西方心理学史大纲》，北京：北京大学出版社。
田霖、韦小满等（2014）自学考试的效度及其证据来源探析，《中国考试》第 6 期，18—23。
托马斯·H·黎黑著，李维译（1998）《心理学史》，杭州：浙江教育出版社。

王汉澜（1987）《教育测量学》，开封：河南大学出版社。

威廉·D. 贝里等著（2011）《因果关系模型》，上海：上海人民出版社。

夏志超、洪恬、张林军、舒华（2014）脑干诱发电位在言语感知研究中的应用，《心理科学进展》第1期，14—25。

《现代汉语词典（第5版）》，北京：商务印书馆，2005。

谢小庆（2013）效度：从分数的合理解释到可接受解释，《中国考试》第7期，3—9。

徐枞巍、许建钺等译（1992）效度，《简明国际教育百科全书·教育测量与评价》，Huesn，T.，Postlethwaite，T. N.（主编），北京：教育科学出版社。

詹尼弗·特拉斯特德著，刘钢、任定成译（2000）《科学推理的逻辑》，石家庄：河北科学技术出版社。

张厚粲、徐建平（2003）《现代心理与教育统计学》，北京：北京师范大学出版社。

张凯（1998）关于结构效度，《语言教学与研究》第4期。

张凯（2002a）《标准参照测验理论研究》，北京：北京语言文化大学出版社。

张凯（2002b）《语言测验理论与实践》，北京：北京语言文化大学出版社。

张凯（2004a）测量是理论的组成部分——再谈构想效度，《云南师范大学学报（对外汉语教学与研究版）》第5期，7—14。

张凯（2004b）语言测验的测度和精度，《语言文字应用》第4期，60—68。

张凯（2004c）效度讲义，未发表。

张钦、丁锦红、郭春彦、王争艳（2003）名词与动词加工的ERP差异，《心理学报》第6期。

《中国大百科全书·哲学》（1987）北京：中国大百科全书出版社。

周大军、高兰生（1998）交际性语言测试理论述评，《外语教学与研究》第2期。

Aiekn, L. R. (1996). *Assessment of Intellectual Functioning*. New York: Plenum Press.

Alderson, J. C. & Wall, D. (1993). Does washback exist? *Applied Linguistics*, Vol.14.

Alderson, J. C., Clapham, C.,Wall, D. (1995). *Language Test Construction and Evaluation*. Cambridge: Cambridge University Press.

Allison, D. (1999). *Language Testing and Evaluation: An Introductory Course*. Singapore: National University of Singapore Press.

American Psychological Association. (1954). Technical recommendations for psychological tests and diagnostic techniques. *Psychological Bulletin*, 51, 201-238.

American Psychological Association. (1966). *Standards for Educational and Psychological*

*Tests and Manuals*. Washington, DC.

American Psychological Association. (1974). *Standards for Educational and Psychological Tests and Manuals*. Washington, DC: American Psychological Association.

American Psychological Association. (1985). *Standards for Educational and Psychological Tests and Manuals*. Washington, DC: American Psychological Association.

American Psychological Association. (1999). *Standards for Educational and Psychological Tests and Manuals*. Washington, DC: American Psychological Association.

Anastasi, A. (1950). The concept of validity in the interpretation of test scores. *Educational and Psychological Measurement,* 10, 67-78.

Anastasi, A. (1954). *Psychological Testing* ( 1st ed. ). New York: Macmillan Publishing Co., Inc.

Anastasi, A. (1961). *Psychological Testing* ( 2nd ed. ). New York: Macmillan Publishing Co., Inc.

Anastasi, A. (1968). *Psychological Testing* ( 3rd ed. ). New York: Macmillan Publishing Co., Inc.

Anastasi, A. (1976). *Psychological Testing* ( 4th ed. ). New York: Macmillan Publishing Co., Inc.

Anastasi, A. (1982). *Psychological Testing* ( 5th ed. ). New York: Macmillan Publishing Co., Inc.

Anastasi, A. (1985). Mental measurement some emerging trends. *The Ninth Mental Measurements Yearbook.* Lincoln, NB: Buros Institute of Mental Measurement, xxiii-xxix.

Anastasi, A. (1986). Evolving concepts of test validation. *Annual Reviews of Psychology,* 37, 1-15.

Anastasi, A., Urbina. S. (1997). *Psychological Testing.* (7th ed.). New Jersey: Prentice-Hall, Inc.

Angoff, W. H. (1988).Validity: An evolving concept. *Test Validity*. Lawrence Erlbaum Associates, Inc., Publishers, 19-32.

Atkinson (1966). The energy charge of the adenylate pool as a regulatory parameter. Interaction with feedback modifiers. *Biochemistry*. 5, 1445.

Barnwell, D. P. (1996). *A History of Foreign Language Testing in United States.* Arizona:

Bilingual Press.

Bachman, L. F. (1990). *Fundamental Consideration in Language Testing*. New York: Oxford University Press.

Bachman, L. F., Palmer, A. S. (1996). *Language Testing in Practice*. New York: Oxford University Press.

Bachman, L. F. (2005). Building and supporting a case for test use. *Language Assessment Quarterly*, 2 (1).

Ball, R. S. (1938). The predictability of occupational level from intelligence. *Journal of Consulting Psychology*, 2, 184-186.

Barrett (1997). The relationship among momentary emotional experiences, personality descriptions, and retrospective ratings of emotion. *Personality and Social Psychology Bulletin*, 23, 1100-1110.

Barrett (1998). Discrete emotions or dimensions? The role of valence focus and arousal focus. *Cognition and Emotion*, 12, 579-599.

Barrett, P. (1998). *Science, Fundamental Measurement, and Psychometric Testing*. British Psychological Society, pp.11-20.

Bentler, P. M. (1980). Multivariate analysis with latent variables: Casual modeling. *Annual Review of Psychology*, Vol. 31, 419-456.

Bentler, P. M. (1980). Comparative fit indexes in structural models. *Psychological Bulletin*,Vol. 107 (2), 238-246.

Bentler, P. M. (1995). *EQS Structural Equations Program Manual.* Multivariate Software, Inc..

Borsboom, D., Mellenbergh, G. J. (2004). Why psychometrics is not pathological: A comment on Michell. *Theory & Psychology*, 14, 105-120.

Borsboom, Mellenbergh, Van Heerden (2004). The Concept of Validity. *Psychological Review*, 2004, Vol.111, No.4, 1061-1071. 陈宏译，未发表。

Borsboom, D. (2005). *Measuring the Mind: Conceptual Issues in Contemporary Psychometrics.* Cambridge: Cambridge University Press.

Borsboom, D., Ange'Iique O. J. Cramer; RogierA. Kievit, Annemarie Zand Scholten, Sanja Franic. (2009). The End of Construct Validity. *The Concept of Validity: Revisions, New Directions, and Applications.* Robert W. Lissitz (ed.). Information

Age Publishing Inc.135-172.

Bridgman (1927). *The Logic of Modern Physics*. MacMillan (New York) Edition.

Brown, J. D. (1996). *Testing in Language Programs*. New Jersey: Prentice Hall.

Camfield, T. M. (1973). The professionalization of American psychology, 1870-1917. *Journal of the History of the Behavioral Sciences*, 9, 66-75.

Campbell, D, T. (1960). Recommendations for APA test standards regarding construct, trait or discriminant validity. *American Psychologist*, 15, 546-553.

Campbell, D, T., Fiske, D. W. (1959). Convergent and discriminant validation by the multitrait-multimethod matrix. *Psychological Bulletin*, 56, 81-105.

Carl A. Chapell, Mary K. Enright, Joan Routled (eds.) (2008). *Building a Validity Argument for the Test of Engligh as a Foreign Language*. London: Routledge.

Carroll, J. B. (1961). Fundamental consideration in testing for English language proficiency of foreign students, in Allen & Campbell (eds.), *Teaching English as a Second Language*. McGraw-Hill Book Company.

Carroll, J. B. (1979). Measurement of abilities constructs, in Educational Testing Service (ed.), *Construct Validity in Psychological Measurement: Proceedings of a Colloquium on Theory and Application in Education and Employment*. Princeton, N. J.: Educational Testing Service.

Cascallar, E., Henning, G. (1992). A preliminary study of the nature of communicative competence. *ETS Research Report*.

Cattell (1890). Mental tests and measurements, *Mind*, *15*, 373-381.

Chapelle, C. A. (1998). Construct definition and validity in SLA research. L. F. Bachman and A.D.Cohn (eds.). *Interfaces Between Second Language Acquisition and Language Testing Research*. Cambridge: Cambridge University Press.

Chapelle, C. A. (2012).Validity argument for language assessment: The framework is simple. *Language Testing,* Vol. 29, No.1, 20-27.

Cliff, N. (1993). What is and isn't measurement. G. Keren and C. Lewis (eds.). *A Handbook for Data Analysis in Behavioral Sciences: Methodological Issues*. New Jersey: Lawrence Erlbaum Associates, Publishers.

Corquodale, M., Meehl, P. E. (1948). On a distinction between hypothetical constructs and intervening variables. *Psychological Review*, 55, 95-107.

Coombs (1964). *A Theory of Data*. New York: John Wiley.

Courtis, S. (1921). Report of the standardization committee. *Journal of Educational Research*, 4, 78-80.

Crocker, L. , Algina, J. (1986). *Introduction to Classical and Modern Test Theory*. New York: CBS College Publishing.

Cronbach, L. J. (1949). *Essentials of Psychological Testing*. New York: Harper.

Cronbach, L. J. (1957). The two disciplines of scientific psychology. *American Psychologist*, Vol. 12 (11), 671-684.

Cronbach, L. J. (1964). Validity. *Essentials of Psychological Testing* (2nd ed.), 96-125. A Harper international student reprint jointly published by Harper & Row, New York, Evanston & London and John Weatherhill, INC., Tokyo.

Cronbach, L. J. (1971). Test Validation. *Educational Measurement*, (2nd ed.), National Council on Measurement in Education and American Council on Education. 443.

Cronbach, L. J. (1975). Five decades of public controversy over mental testing. *American Psychologist*, Vol. 30 (1), 1-14.

Cronbach, L. J. (1984).Validation. *Essentials of Psychological Testing* (4th ed.), 121-157. Harper & Row, Publishers, New York.

Cronbach, L. J. (1988). Five perspectives on validation argument. In H. Wainer & H. Braun (eds.), *Test Validity.* Hillsdale, N.J.: Lawrence Erlbaum, 3-17.

Cronbach, L. J. (1989). Construct validation after thirty years. R. L. Linn (ed.). *Intelligence, Measurement, Theory and Public Policy*. University of Illinois Press.

Cronbach, L. J. (1990). *Essentials of Psychological Testing* (5th ed.). New York: Harper and Row Publishers.

Cronbach, L. J., Meehl. P. E. (1955). Construct validity in psychological tests. *Psychological Bulletin, 52*, 281-302.

Cronbach, L. J., Gleser, G. C. (1965). *Psychological Tests and Personnel Decisions.* Oxford, England: Uillinois Press, 347.

Cumming, J. (1996). *From Alienation to Engagement: Opportunities for Reform in the Middle Years of Schooling: Key Findings and Recommendations*. Australian Curriculum Studies Association, Canberra, ACT.

Cureton, E. E. (1951). Validity. in E. F. Lindquist (ed.), *Educational Measurement* (1st ed.),

National Council on Measurement in Education and American Council on Education, 623-625.

Dandonoli, P., Henning, G. (1990). An investigation of the construct validity of the ACTFL proficiency guidelines and oral interview procedure. *Foreign Language Annals*, Vol. 23, No.1, 11-22.

Davies, A. (1983). The validity of concurrent validation, in A. Hughes and D. Porter (eds.) *Current Development in Language Testing*. Academic Press.

Davies, A. (1990). *Principles of Language Testing*. Basil Blackwell.

Davies, A. (2012). Kane, validity and soundness. *Language Testing*, Vol. 29, No. 1, 37-42.

Davies, E. (2004). *The Handbook of Applied Linguistics*. Blackwell Publishing Ltd.

Davies, E. (2005). Validity and validation in language testing, in E. Hinkel, (Ed.). Handbook of research in second language learning. 795-814.

Davis, S. F., W. Buskist (eds.). (2008). *21st Century Psychology: A Reference Handbook.*

Davis-stober, C. (2009). Behavioural social choice: A status report. *Philosophical Transactions of the Royal Society B: Biological Sciences*, 01/2009; 364 (1518): 833-843.

Dehaene-Lambertz. G. (1997). Electrophysiological correlates of categorical phoneme perception in adults. *NeuroReport*. 8, 919-924.

Ebel, R. L., Frisbie, D. A. (1991). *Essentials of Educational Measurement*. New Jersey: Prentice-Hall.

Ellis, M. V., Blustein, D. L. (1991). The unificationist view: A context for validity. *Journal of Counseling and Development*, 69, 561-563.

Embree, R. B. (1948). The status of college students in terms of IQ's determined during childhood. *American Psychologist*, 3, 259.

Evans, R. B. (1992). Growing pains: The American psychological association from 1903 to 1920. In R. B. Evans, V. S. Sexton, & T. C. Cadwallader (eds.), *The American Psychological Association: A Historical Perspective*, pp.73-90.Washington, DC: American Psychological Association.

Fechner, G. T. (1860). Elemente der Psychophysik. Leipzig: Breitkopf und Härtel, 2, 559 (Reprinted, Bristol: Thoemmes Press, 1999).

Fraenkel J. R., Wallen, N. E. (1993). *How to Design and Evaluate Research in Education*

(2nd ed.). McGraw-Hill, Inc.

Fiske A. P. (2002). Using individualism to compare cultures—A critique of the validity and measurement of constructs: Comment on Oyserman et al. *Psychological Bulletin*, 128, 78-88.

Fritts, H. C. (1966). Growth rings of trees: Their correlation with climate. *Science*, 154: 973-979.

Galton, F. (1908). *Memories of My Life*. New York: AMS Press.

Garber, J., Strassberg, Z. (1991). Construct validity: History and application to developmental psychopathology, in Grawe, W. & Ciachetti, D. (eds), *Personality and Psychopathology* (pp. 219-258). Minneapolis: University of Minnesota Press.

Gigerenzer, G., Strube, G. (1983). Are there limits to binaural additivity of loudness? *Journal of Experimental Psychology: Human Perception and Performance*, 9: 126-136.

Gorin, J. S. (2007). Reconsidering issues in validity theory. *Educational Researcher*, 36, 456-462.

Guilford, J. P. (1946). New standards for test evaluation. *Educational and Psychological Measurement*, 6, 427-439.

Guion, R. M. (1977). Content validity-The source of my discontent. *Applied Psychological Measurement,* 1, 1-10.

Guion, R. M. (1980). On trinitarian doctrines of validity. *Professional Psychology,* 11, 385-398.

Gulliksen, H. (1950). Intrinsic validity. *American Psychologist*, 5, 79-94.

Hambleton, R. K. (1980). Test score validity and standard-setting, in R. Berk (ed.), *Criterion-Referenced Testing: State of the Art.* Baltimore: Johns Hopkins University Press.

Heaton, J. B. (1975). *Writing English Language Tests*. London: Longman.

Hempel, C. G. (1952). *Fundamentals of Concept Formation in Empirical Science*. Chicago, Illinois: The University of Chicago Press.

Henning, G. (1987). *A Guide to Language Testing: Development, Evaluation, Research.* New York: Newbury House Publisher.

Hogan, R., Nicholson, R. A. (1988). The meaning of personalityst scores. *American*

*Psychologist,* 43, 621-626.

Hölder, O. (1901). Die Axiome der Quantität und die Lehre vom Mass. Berichte uber die Verhandlungen der Koeniglich Sachsischen Gesellschaft der Wissenschaften zu Leipzig, Mathematisch-Physikaliche Klasse 53: 1-46.

Frollo, I. (1999). *Measurement Science as a Basic Research and Development Discipline of Scientific Research.*

House, E. R. (1977). *The Logic of Evaluative Argument*. CSE Monograph Series in Evaluation.

House, E. R. (1980). *Evaluating with Validity*. Beverly Hills, CA: Sage Publications.

Hughes, A. (1989). *Testing for Language Teachers*. Cambridge and New York: Cambridge University Press.

Isreal, H., Goldstein, B. (1944). Operationism in psychology. *Psychological Review,* 51, 177-188.

Jenkins, J. G. (1946). Validity for what? *Journal of Consulting Psychology*, 10, 93-98.

Johnson, T. (2001). Controlling the effect of stimulus context change on attitude statements using Michell's binary tree procedure. *Australian Journal of Psychology*, 53: 23-28.

Joreskog, K. G., Sorbom, D. (1989). *LISREL7: A Guide to the Program and Applications.* Chicago: SPSS Publications.

Joreskog, K. G., Sorbom, D. (1993). *LISREL8: Structural Equation Modeling with the SIMPLIS Command Language*. Scientific Software International, Inc.

Kane, M. T. (1990). *Irish J. Med. Sci,* 160, 17-22.

Kane, M. T. (2001). Current concerns in validity theory. *Journal of Educational Measurement*, 38, 319-342.

Kane, M. T. (2006). Validation. In R. L. Brennan (ed.), *Educational Measurement* (4th ed., 17-64). Westport: National Council on Measurement in Education and American Council on Education.

Kane, M. T. (2008). Terminology, emphasis, and utility in validation. *Educational Researcher*, 37 (2), 76-82.

Kane, M. T. (2009). Validating the Interpretations and Uses of Test Scores. *The Concept of Validity: Revisions, New Directions, and Applications*. Robert W. Lissitz (ed.).

Information Age Publishing Inc.39-64.

Kane, M. T. (2012). Validating score interpretations and uses. *Language Testing*, Vol. 29, No.1, 3-18.

Karabatsos, G. (2001). The Rasch model, additive conjoint measurement, and new models of probabilistic measurement theory. *Journal of Applied Measurement*, 2 (4): 389-423.

Kelley, T. L. (1927). *Interpretation of Educational Measurement.* Yonkers-on-Hudson, NY: World Book Co.

Kirmse, U., Ylinen, S., Tervaniemi, M., Vainio, M., Schröger, E., Jacobsen, T. (2008). Modulation of the mismatch negativity (MMN) to vowel duration changes in native speakers of Finnish and German as a result of language experience. *International Journal of Psychophysiology*, 67 (2), 131-143.

Kline, P. (1997). *British Journal of Psychology*, 88, 385-387.

Kline, P. (1998). *The New Psychometrics: Science, Psychology and Measurement*. London: Routledge.

Kline, P. (2000). Rasch scaling and additive conjoint measurement. *The Handbook of Psychological Testing* ($2^{nd}$ edition). Routledge II New Fetter Lane, London.

Kockelman, P. (2009). The complexity of discourse. *Journal of Quantitative Linguistics*, Vol.16, No.1, 1-39.

Kyngdon, A. (2006). An empirical study into the theory of unidimensional unfolding. *Journal of Applied Measurement*, 7 (4): 369-393.

Lado, R. (1961). *Language Testing: The Construction and Use of Foreign Language Tests*. Longman.

Laming, D. (1997). *British Journal of Psychology*. 88, 389-391.

Laming, D. (1997). *The Measurement of Sensation*. Oxford University Press.

Landy, F, J. (1986). Stamp collecting versus science: Validation as hypothesis testing. *American Psychologist*, 41, 1183-1192.

Levelt, W. J. M.; Riemersma, J. B.; Bunt, A. A. (1972). Binaural additivity of loudness. *British Journal of Mathematical and Statistical Psychology*, 25 (1): 51-68.

Lindquist, E. F. (1942). *A First Course in Statistics*. New York: Houghton Mifflin.

Linn, R. L. (1997). Evaluating the validity of assessments. *Educational Measurement: Issues and Practice*, 16 (2), 14-16.

Liu Haitao (2011). Quantitative properties of English verb valency. *Journal of Quantitative Linguistics*, Vol. 18, No. 3, 207-233.

Lissitz, R. W. (2009). Introduction. *The Concept of Validity: Revisions, New Directions, and Applications*, in Robert W. Lissitz (ed.). Information Age Publishing Inc.1-15.

Lissitz, R. W., Samuelsen, K. (2007). A suggested change in terminology and emphasis regarding validity and education. *Educational Researcher*, 36, 437-448.

Loevinger, J. (1957). Objective tests as instruments of psychological theory. *Psychological Reports*, 3, 635-694.

Loewenthal, K. M. (2001). *An Introduction to Psychological Tests and Scales*. East Suseex: Psychological Press, Lit.

Maguire, Hattie, Haig (1994). Construct validity and achievement assessment. *Alberta Journal of Educational Research*, 40,109-126.

Martin C. Cooper (2008). Measuring the semantic distance between languages from a statistical analysis of bilingual dictionaries. *Journal of Quantitative Linguistics*, Vol. 15, No. 1, 1-33.

Matarrazo, J, D., Herman, D. (1984). Relationship of education and IQ in the YVAIS-R standardized sample. *Journal of Consulting and Clinical Psychology*, 52, 631-634.

McNamara, C. (2009). *General Guidelines for Conducting Interviews*. Retrieved January 11, 2010, from http://managementhelp.org/evaluatn/intrview.htm.

Meehl, P. E. (1945). The Dynamics of "Structured" Personality Tests. *Journal of Clinical Psychology*, 1, 296-303.

Meehl, P. E. (1978). Theoretical risks and tabular asterisks: Sir Karl, Sir Ronald, and the slow progress of soft psychology. *Journal of Consulting and Clinical Psychology*, 46, 806-834.

Meehl, P. E., Golden, R. (1982). Taxometric methods. In P. Kendall & J. Butcher (eds.), *Handbook of Research Methods in Clinical Psychology* (pp. 127-181). New York: John Wiley & Sons.

Messiek, S. (1975). The standard problem: Meaning and values in measurement and evaluation. *American Psychologist.*

Messick, S. (1980). Test validity and the ethics of assessment. *American Psychologist,* 35, 1012-1027.

Messick, S. (1981). Evidence and ethics in the evaluation of tests. *Educational Researcher*, 10, 9-20.

Messick, S. (1981). Constructs and their vicissitudes in educational and psychological measurement. *Psychological Bulletin*, Vol. 89(3), 575-588.

Messick, S. (1982). The values of ability testing: Implications of multiple perspectives about criteria and standards. *Educational Measurement: Issues and Practice,* 3, 9-12.

Messick, S. (1984). The psychology of educational measurement. *Journal of Educational Measurement*, Vol. 21, 215-237.

Messick, S. (1988). The once and future issues of validity: Assessing the meaning and consequences of measurement. *Test Validity*. Howard Wainer & Henry I. Braun (eds.), Lawrence Erlbaum Associates, Inc,

Messick, S. (1989). Meaning and values in test validation: The science and ethics of assessment. *Educational Researcher*, 18, 2, 5-11.

Messick, S. (1989). Validity. in Robert L. Linn (ed.), *Educational Measurement*, (3rd ed.), National Council on Measurement in Education and American Council on Education. 13-22.

Messick, S. (1993). Trait equivalence as construct validity of score interpretation across multiple methods of measurement. *Construction versus Choice in Cognitive Measurement: Issues in Constructed Response, Performance Testing, and Portfolio Assessment*, 61-73. Hillsdale, N. J., England: Lawrence Erlbaum Associates, Inc.

Messick, S. (1994) . Foundations of validity: Meaning and consequences in psychological assessment. *European Journal of Psychological Assessment*, Vol. 10 (1), 1-9.

Messick, S. (1994). The Interplay of Evidence and Consequences in the Validation of Performance Assessments. *Educational Researcher*, Vol. 23 No. 2, 13-23.

Messick, S. (1995). Validity of psychological assessment: Validation of inferences from persons responses and performances as scientific inquiry into score meaning. *American Psychologist*, Vol. 50 (9), 741-749.

Messick, S. (1995). Validity of psychological assessment: Validation of inferences from persons' responses and performances as scientific inquiry into score meaning. *American Psychologist*, 50, 741-749.

Messick, S. (1996). Validity and washback in language testing. *Language Testing*, Vol. 13,

No. 3.

Messick, S. (1998). Test validity: A matter of consequence. *Social Indicators Research*, Vol. 45, No. 1-3, 35-44.

Messick, S. (1998). Alternative modes of assessment. *Uniform Standards of Validity, Beyond Multiple Choice: Evaluating Alternatives to Traditional Testing*, Milton D. Hakel, 59-74.

Michael, M. (1997). *British Journal of Psychology*, 88, 399-400.

Michell, J. (1986). Measurement scales and statistics: A clash of paradigms, *Psychological Bulletin*, Vol. 100, No. 3, 398-407.

Michell, J. (1988). Some problems in testing the double cancellation condition in conjoint measurement. *Journal of Mathematical Psychology*, 32 (4): 466-473.

Michell, J. (1990). *An Introduction to the Logic of Psychological Measurement*. Hillsdale, NJ. Erlbaum.

Michell, J. (1994). Measuring dimensions of belief by unidimensional unfolding. *Journal of Mathematical Psychology*, 38 (2): 224-273.

Michell, J. (1997). Quantitative science and the definition of measurement in psychology. *British Journal of Psychology*, 88, 355-383.

Michell, J. (1999). *Measurement in Psychology: Critical History of a Methodological Concept*. Cambridge University Press.

Michell, J. (2000). Normal science, pathological science and psychometrics. *Theory & Psychology,* Vol. 10 (5), 639-667.

Michell, J. (2001). Teaching and misteaching measurement in psychology. *Australian Psychologist*, 36, 211-217.

Michell, J. (2002). Commentary: Do ratings measure latent attributes? *Ergonmics*, Vol. 45, No. 14, 1008-1010.

Michell, J. (2004). Item response models, pathological science and the shape of error—Reply to Borsboom and Mellenbergh. *Theory & Psychology*, Vol. 14 (1), 121-129.

Michell, J. (2006). Psychophysics, intensive magnitudes, and the psychometricians' fallacy. *Studies in History and Philosophy of Biological and Biomedical Sciences*, 17, 414-432.

Michell, J. (2008). Invariance, artifact, and the psychological setting of Rasch's model:

Comments on Engelhard. *Commentaries*, 205-209.

Michell, J. (2008). Rejoinder. *Measurement*, 6, 125-133.

Michell, J. (2008). Is psychometrics pathological science? *Measurement*, 6, 7-24.

Michell, J. (2009). Invalidity in validity. *The Concept of Validity:Revisions, New Directions, and Applications*, Robort W. Lissitz (ed.), University of Maryland, 111-133.

Michell, J. (2011). Qualitative research meets the ghost of Pythagoras. *Theory & Psychology*, 21 (2), 241-259.

Miller, N. E. (1985). Some professional and scientific problems and opportunities for biofeedback. *Biofeedback and Self-Regulation,* 10 (1), 3-24.

Mislevy, R., Steinberg, L., Almond, R. (2003). On the structure of educational assessments. *Measurement: Interdisciplanary Research and Perspectives*, 1, 3-62.

Mislevy, R. (2009). Validity from the perspective of model-based reasoning. *The Concept of validity: Revisions, New Directions, and Applications*. Robert W. Lissitz (ed.). Information Age Publishing Inc. 83-110.

Mislevy, R. J., Gitomer, D. H. (1996). The role of probability-based inference in an intelligent tutoring system. *User-Modeling and User-Adapted Interaction, 5,* 253-282.

Moncrieff, W., Scriven, M. (1956). The gas turbine in automobile design. Minnesota.

Mosier, C. I. (1947). A critical examination of the concepts of face validity. *Educational and Psychological Measurement*, 7, 191-205.

Moss, P. A. (1992). Shifting conceptions of validity in educational measurement: Implications for performance assessment. *Review of Educational Research*, 62, 229-258.

Moss, P. A. (2007). Reconstructing validity. *Educational Researcher*, 36, 470-476.

Murphy, K. R., Davidshofer, C. O. (2004). *Psychological Testing: Principles and Applications* (6th ed.), 163-169.

Nitko, A. J. (1983). *Educational Tests and Measurement: An Introduction*. Harcourt Brace Jovanovich, Inc.

Nunnally, J. C., Bernstein, I. H. (1994). *Psychometric Theory*. New York: McGraw-Hill.

Oler, J. (1979). *Language Tests at School*. Longman.

Ordan, N., Itskovich, V., Shlesinger, M., Kanter, I. (2010). Lexical richness revisited:

Blueprint for a more economical measure. *Journal of Quantitative Linguistics*, Vol. 17, No.1, 55-67.

Osterlind (2006). *Modern Measurement—Theory, Principles, and Applications of Mental Appraisal,* 2-110.

Perline, R.; Wright, B. D.; Wainer, H. (1979). The Rasch model as additive conjoint measurement. *Applied Psychological Measurement*, 3 (2): 237-255.

Plant, W. T., Richardson, H. (1958). The IQ of the average college student. *Journal of Consulting Psychology*, 5, 229-231.

Polanyi, Livia. (1978). False starts can be true. Proceedings of BLS 4 Berkeley, CA. 1985. A theory of discourse structure and discourse coherence, In *Proceedings of the 21st Annual Meeting of the Chicago Linguistics Society*. Chicago: University of Chicago, Dept. of Linguistics.

Popham,W. J. (1997). Special Topic / What's wrong—and what's right—with rubrics. *Schools as Safe Havens*, Vol. 55, No. 2, 72-75.

Radek, C., Pajas, P., Macutek, J. (2010). Full valency. Verb valency without distinguishing complements and adjuncts. *Journal of Quantitative Linguistics*, Vol. 17, No. 4, 291-302.

Richards, B. (2007). *Confidence*. Orion Books Limited.

Rogers, T. B. (1995). *The Psychological Testing Enterprise:An Introduction*. Belmont: Brooks/Cole Publishing Company.

Sax, G. (1997). *Principles of Educational and Psychological Measurement and Evaluation*. Belmot: Wadsworth Publishing Company.

Shepard, L. A. (1993). Evaluating test validity. *Review of Research in Education*, 19, 405-450.

Shepard, L. A. (1997). The centrality of test use and consequences for test validity. *Educational Measurement: Issues and Practice*, 16 (2), 5-8.

Sireci, S. G. (2007). On validity theory and test validatioin. *Educational Researcher*, 36, 477-481.

Sireci, S. G. (2009). Packing and unpacking sources of validity evidence: History repeats itself again. *The Concept of Validity:Revisions, New Directions, and Applications.* Robert W. Lissitz (ed.). Information Age Publishing Inc.19-38.

Skinner, B. F. (1938). *The Behavior of Organisms*. Sherman.

Spearman, C. (1907). Demonstration of formulae for true measurement of correlation. *The American Journal of Psychology*, 18 (2): 161-169.

Spearman, C. (1927). *The Abilities of Man: Their Nature and Measurement*. New York: Macmillan.

Spence, J. A. (1958). *Conference Handbook: Planning and Conducting Conferences, Institutes, Short Courses, Workshops*. The University of Tennessee for the Division of University Extension.

Stephen F., Davis, W. (2008). *21st Century Psychology: A Reference Handbook*.

Stephens, W. N. (1968). *Hypotheses and Evidence*. New York: Thomas Y. Crowell Company.

Stevens, S. S. (1935). The operational basis of psychology. *The American Journal of Psychology*, Vol. 47, No. 2, pp. 323-330.

Stevens, S. S. (1946). On the theory of scales of measurement. *Science*, 103, 677-680.

Stevens, S. S. (ed.) (1951). *Handbook of Experimental Psychology*. New York: John Wiley & Sons.

Stevens, S. S. (1958). Measurement and man. *Science*, 127, 383-389.

Stevens, S. S. (1959). *Measurement, Psychophysics and Utlity*, Chap. 2, in C. W. Churchman & P. Ratoosh (eds.), *Measurement: Definitions and Theories*. New York: John Wiley & Sons.

Stevens, S. S. (1967). Measurement. In J. R. Newman (ed.), *The Harper Encyclopedia of Science*. 733-734. New York.

Stevens, S. S. (1968). Measurement, statistics, and the schemapiric view. *Science*, 161, 849-856.

Stevens, S. S. (1975). *Psychophysics: Introduction to Its Perceptual, Neural, and Social Prospects*. New York: John Wiley & Sons.

Suppes, P. (1974). Popper's analysis of probability in quantum mechanics. In P. A. Schlipp (ed.), *The Philosophy of Karl Popper* (Book II). Open Court.

Thorndike, R. L., Hagen, E. P., Sattler, J. M. (1986). *The Stanford-Binet Intelligence Scale: Technical Manual* (4th ed.). Chicago: Riverside.

Thurstone, L. L. (1927). A law of comparative judgement. *Psychological Review* 34 (4):

278-286.

Thurstone, L. L. (1938). Primary mental abilities. *Psychometric Monographs.*

Thurstone, L. L. (1974). *The Measurement of Values*. Chicago: The University of Chicago Press.

Tilton, J. W. (1949). Intelligence test scores as indicative of ability to learn. *Educational and Psychological Measurement*, 9, 291-296.

Toulmin, S. E. (1958). *The Uses of Argument.* Cambridge: Cambridge University Press.

Trochim, W. M. K. (2006). *Research Methods Knowledge Base.*

Van der Linden, W. (1994). Review of Michell (1990). *Psychometrika*, 59 (1): 139-142.

Vrenn, C. G. (1949). Potential research talent in the sciences based on intelligence quotients of Ph.D.'s. *Educational Record*, 30, 5-22.

Wallis T. (2004). Psychological tests do not measure what they claim to measure: A re-evaluation of the concept of construct validity. *South African Journal of Psychology*, 2004, 34 (1), 101-112.

Ward, A. W., Stoker, H. W., Ward, M. M. (1996). *Educational Measurement.* Lanham: University Press of America, Inc.

Weir 2005 *Language Testing and Validation: An Evidence-based Approach*. Palgrave Macmillan.

Wiley, D. E. (1991). Test validity and invalidity reconsidered, in R. E. Snow, D. E. Wiley (eds.) *Improving Inquiry in Social Science: A Volume in Honor of Lee J. Cronbach.* New Jersey: Lawrence Erlbaum Associates, Publishers.

Wiley, D. E. (2002). Validity of constructs versus construct validity of scores. *The Role of Constructs in Psychological and Educational Measurement.* Henry I. Braun, Douglas N. Jackson, David Wiley (eds.). Lawrence Erlbaum Associates, Inc.

Woodrow, H. (1940). Interrelations of measures of learning. *Journal of Psychology*, 10, 49-73.

Zarate, J. M., Zatorre, R. J. (2008). Experience-dependent neural substrates involved in vocal pitch regulation during singing. *Neuroimage*, 40 (4), 1871-1887.

Zhang L., Shu H., Zhou F., Wang X., & Li P. (2010). Common and distinct neural substrates for the perception of speech rhythm and intonation. *Human Brain Mapping*. Wiley-Liss, Inc. 31, 1106-1116.

Zhang Yanhui (2011). Similarity and degree of perplexity analysis of Chinese characters. *Journal of Quantitative Linguistics*, Vol. 18, No. 3, 189-206.

Zumbo, B. D. (2009). Validity as contextualized and pragmatic explanation, and its implications for validation practice. *The Concept of Validity: Revisions, New Directions, and Applications.* Robert W. Lissitz (ed.). Information Age Publishing Inc. 65-82.

# 后　　记

此书是在我的博士学位论文的基础上修改而成的。

2013 年底，我以博士论文为基础，尝试申请了北京语言大学青年学者文库出版基金，没想到顺利通过审核。这使我有机会将博士论文进一步修改，并付诸出版。

我能顺利完成博士论文，并最终成书出版，首先要感谢我的两位导师——张旺熹教授和张凯教授。感谢张旺熹老师的知遇之恩。在我入职之初，张老师就鼓励我应该趁年轻继续深造，提高自己的科研业务水平。正是基于张老师的提醒和教导，我理清了自己的努力方向，在工作之余复习考博，最终如愿以偿获得了攻读博士学位的机会。可以说，张旺熹老师在我的学术道路和人生发展规划方面，倾注了大量心血，给予我宝贵的指导和提携。张老师以他真诚、踏实的人格无声地影响着我，教育我要“老老实实做人、扎扎实实求学、踏踏实实工作”。

感谢张凯老师的悉心培养，让我有机会继续在心理测量这个领域深入求索。博士论文《构想效度研究》，从选题、构思到成稿写作，其中蕴含了张凯老师太多的指导和心血。无论是平时撰写的小论文，还是开题报告，直到最终的毕业论文，都花费了张老师大量的精力，每一稿都得到老师认真细致的批注。在我提交的毕业论文初稿中，张老师大到论文观点，小到标点符号，严谨细腻的批注多达 1462 处。张老师严谨的治学态度深深地打动着我，也在无形中鞭策着我。如今这篇论文将暂时告一段落，张老师寄予我的厚望未能完全实现，老师对此表示了充分的理解和宽容，总是提醒我要注意身体。仔细想来，张老师博大的学识我学到的太少，两位导师的学识和为人应是我一生学习的榜样。

同时，我要深深地感谢我的硕士导师郭树军副教授。如果说我已经走上了研究的道路，那么郭老师就是我蹒跚学步的领路人。郭老师不仅指导我硕士阶段的学习，对我的人生规划和长期发展也给予了大力的帮助。“低调做人，认真做事”是郭老师对我们做人做事的教诲，郭老师多年来践行着这一朴实的处事哲学，让我慢慢学会以平和的人生态度看待工作和生活。

在论文开题和毕业答辩阶段，我得到了边玉芳教授、王建勤教授、孙德金教授、邢红兵教授、江新教授、辛涛教授、王佶旻教授、聂丹教授、陈宏副教授、温红博老师等专家学者的细心指点，他们对论文提出的修改意见让我获益良多。

本书得以列入北京语言大学青年学者文库的出版计划，还要感谢孙德金教授和王佶旻教授的信任和推荐。孙德金教授既是我的老师，还曾经是我的领导。如果没有时任北京语言大学汉语水平考试中心主任的孙老师的引进，我就不会走上汉语测试的研究之路。孙老师非常关心我们青年教师的成长，曾鼓励我“只要努力、用心、尽心完成博士论文的写作，就是自己的提高和进步”。话虽不多，但给当时处于写作焦虑中的我以巨大的鼓舞和信心，同时也坚定了我要用心、尽心完成论文写作的信念。

孙德金教授不幸于 2016 年 8 月意外身故，对孙老师的英年早逝，学生表示深切哀悼！

当时同在汉考中心工作的大师姐王佶旻经常询问我的学习情况，不仅在论文写作上给予我建议和指导，还给予我很多工作上的支持和便利。同时，我要感谢三位匿名评审专家，遵照他们的建议，我对全书又进行了打磨和修改，如果没有他们对书稿的认可和宝贵建议，本书就无缘此次出版。

在汉语水平考试中心这个汉语作为第二语言测试的研究领地上，我有幸得到了老师和同事们的关心和帮助。陈宏老师多年来从事效度理论的研究和探索，是效度研究的专家。感谢陈老师无私地将自己多年来对效度理论问题的积累和感想传授给我，并把自己辛苦翻译且尚未发表的一篇译文提供给我作为参考。感谢聂丹姐给予我的诸多安慰和鼓励，感谢远在美国的李慧姐的关心，感谢黄理兵、黄伟、黄霆玮、钱亮亮、龚君冉等对我论文写作上的支持和帮助，感谢所有曾经给予我鼓舞和力量的同事们！

感谢韩菡师姐利用在美国工作的机会，帮我扫描了国内尚无保存的《心理测量》第二版中的《效度》章节，为我的资料搜集工作扫清障碍。感谢陈文博师姐，我们同入师门，一起规划论文写作进程，即便远在乌鲁木齐，她也时常不忘关心我提醒我，给予我温暖和关照。感谢同门郭晓麟、李慧敏、金樱、史健等在各个阶段给予我的具体支持，感谢诸多师弟师妹的关爱，他们非常细心、懂事，总是以不同方式默默地给予我温暖和力量。每次看到他们真诚的笑容和可爱的胜利手势，我的内心就充满了感动与幸福。

感谢好友纪磊博士在繁忙的工作之余，耐心地帮我解决论文中遇到的难题。感谢好友胡晓丽无私地与我分享论文写作的心得体会。感谢身在青岛的周华师姐、好友高珊、王小沫对我的关心。感谢挚友江来、周闯一家人的无私关照和热情帮助。没有这些好友给予我的强大的精神鼓舞，帮助我坚持潜心钻研，也不会有我今天的这份成果和收获。

最深沉的谢意要献给我的家人。论文写作期间，他们似乎始终为我捏着一把汗，处处以我的论文为重，始终坚定地支持着我，鼓励着我。身处青岛的父母电话中总以喜讯相告，让我安心学习不必挂念远方的亲人，免去来回奔波的辛劳。年迈的公公婆婆全心全意地支持我读书学习，时常宽慰我，给我减压。我的爱人平时工作繁忙，为了让我潜心学习，他承担了家中大小事务。每逢节假日，他也总是根据我的学习情况安排娱乐活动，而更多的时候是在家陪我静静地看书，或陪我去图书馆学习。他不懂语言测试，但总是担当我的第一听众，倾听我的烦恼困惑，也分担我的焦虑忧愁。感谢他对我无私的精神支持，默默地为我提供一个踏实、宁静的学习环境和心灵港湾。感谢我的宝贝女儿可可，她的到来给我的生活增添了五颜六色的色彩和数不尽的欢声笑语。

最后，感谢北京语言大学青年学者文库基金的资助，感谢北京语言大学校领导以及科研处领导、老师的大力支持，感谢北京语言大学出版社张健总编辑以及所有为本书出版付出辛勤汗水的老师和朋友们！

博士学位论文的完成是一个结束，更是一个新的开始。感谢论文研究过程带给我的感动与成长，我愿怀着一颗感恩的心，继续研究，继续前行。

赵琪凤

二〇一六年十月于北京